금강의 민물고기

빛과 색이 흐르는 도감

금강의 민물고기

지 은 이   손영목 · 송호복

2006년 9월 8일 초판 1쇄 발행

편집주간   김선정
편   집   여미숙, 이지혜, 조현경
디 자 인   임소영, 이유나
마 케 팅   권장규

펴 낸 이   이원중
펴 낸 곳   지성사
출판등록일 1993년 12월 9일
등록번호   제10-916호
주   소   (121-854) 서울시 마포구 신수동 88-131호
전   화   (02) 716 - 4858
팩   스   (02) 716 - 4859
홈 페 이 지 www.jisungsa.co.kr
이 메 일   jisungsa@hanmail.net

ISBN 978 - 89 - 7889 - 142 - 4 (06490)
      89 - 7889 - 142 - X (06490)

이 도서의 국립중앙도서관 출판시도서목록(CIP)은 e-CIP 홈페이지(http://www.nl.go.kr/cip.php)에서
이용하실 수 있습니다.(CIP제어번호: CIP2006001882)

빛과 색이 흐르는 도감

금강의

한국민물고기보존협회 손영목 · 송호복 지음

민물고기

지성사

　우리나라의 하천에 서식하고 있는 215종의 민물고기는 한반도의 형성과
더불어 이 땅에서 살아온 우리들의 오래되고 친밀한 이웃이기도 하다. 물
고기는 수중생태계의 가장 중요한 생물종 가운데 하나로서 건강하고 아름
다운 자연을 우리에게 제공해주며, 동시에 무한한 유전자원을 지닌 귀중한
자연자원이다. 또한 물고기는 다양한 학술적 가치를 지니고 있어 이를 통
해 한반도 생성 과정과 종 분화 과정 등을 밝히고 이해할 수도 있으며, 식
품이나 약용, 관상용, 여가활동 등에 이용되면서 경제적 · 정서적으로도 우
리 생활과 밀접한 관계를 유지해나가고 있다.

　그동안 열성적이고 훌륭한 연구자들에 의해 우리나라 물고기의 분포 ·
계통분류 · 생태 · 자원으로서의 가치 등이 속속 밝혀지고 있으나, 아직도
알고 있는 것들보다 알아내야 할 것들이 더욱 많은 것이 사실이다.

　금강(錦江)은 비단처럼 아름다운 강이다. 빛나는 은빛 물결을 따라 사람
들은 촌락을 형성하여 모여 살았고, 감돌고기, 퉁사리, 미호종개, 돌상어는
돌 틈과 모래밭을 누비며 여울을 넘나들었다. 그러나 이곳에 댐이 들어서
면서 여울이 사라지고, 쏟아지는 오 · 폐수는 물고기의 터전을 잠식해버려
금강의 원래 생태계는 찾아볼 수 없게 되었다. 최근 급격한 산업화와 인구
증가에 따라 하천 생태계에는 급속도로 변모와 파괴를 겪고 있고, 이러한

변화에 적응하지 못한 일부 어류들은 그 수가 급격히 감소하거나 멸종 또는 절종 위기에 처해있는 실정이다. 이대로 하천 생태계를 방치해 놓는다면, 미처 손을 내밀기도 전에 우리 곁을 떠날 수밖에 없는 많은 물고기들을 어찌할 것인가.

물고기 하나하나의 이름을 알고 그들의 다양한 생태를 이해하게 된다면 좀 더 애정을 가지고 가까이 접근할 수 있을 것이고, 이와 더불어 보호하고 싶은 마음이 싹트지 않을까? 선행 연구자들과 필자 등의 연구 성과를 바탕으로, 그동안 모은 자료와 촬영한 사진 등을 정리하여 『금강의 민물고기』를 책으로 묶었다. 많이 부족하지만, 특히 민물고기에 관심이 많은 애호가들과 금강의 과거와 현재의 어류 서식 실태, 그리고 내 고장의 물고기를 알고 싶어하는 애향인들에게 조금이나마 도움이 될 수 있다면 더 바랄 나위가 없겠다.

이 도감을 제작하는 동안 분포도를 작성하고 그림 작업에 많은 도움을 주신 강원대학교 백현민 박사와 김영선 양, 그리고 기꺼이 발간을 맡아주시고 수고를 마다하지 않으신 지성사 관계자 여러분께 감사드린다.

2006년 5월

손영목 · 송호복

일러두기

1. 이 도감은 금강 본류와 각 지류 등 금강 유역에서 2005년까지 서식이 확인된 37과(科) 139종 중에서 순수 민물고기와 육봉형 어류, 생활사의 대부분을 담수역에서 보내는 회유성 어류와 주연성 어류, 그리고 외래 도입종 등 총 21과 88종을 수록하였다. 그러나 일생의 대부분을 기수나 바다에서 보내면서 일시적으로 민물에 나타나는 어종은 제외하였다.

2. 내용 중에는 물고기의 외부 형태, 물고기와 관련된 용어 해설, 금강과 금강의 민물고기, 금강의 주요 하천과 호수 등을 소개하였다. 더불어 어류와 관련된 천연기념물, 멸종위기야생동·식물 I, II급 등을 수록하였으며, 한국산 민물고기 목록과 함께 학명과 한국명 찾기를 첨부하였다.

3. 분류군의 배열 순서는 Nelson(1994)의 분류 체계에 따랐으며, 학명은 관련 연구자들의 타당성에 근거하여 가장 최근의 것을 사용하였다. 각 종의 설명에는 학명, 한국명, 영어명, 전장, 형태 및 몸색, 생태, 분포 등을 기록하였다.

4. 어류의 크기는 대부분 전장으로 나타냈으며 체장일 경우에는 체장임을 표기하였다.

5. 금강 분포도는 환경부에서 실시한 제2차 전국자연환경조사 중 1997~2004년의 어류 조사 자료와, 저자 등이 조사(1996~2005년)한 자료를 이용하여 최근 10년 사이의 결과를 토대로 작성하였으며, 분포도에 붉은 점으로 표시하였다. 과거에는 서식 기록이 있었으나 최근(1996년 이후)에 채집 기록이 없는 종의 경우는 참고 문헌을 통해 따로 작성하였으며, 분포도에서는 붉은색 빈 동그라미로 표시하였다.

6. 물고기와 서식지 하천을 담은 원색 사진은 저자 등이 채집한 표본과, 답사를 통해 직접 촬영한 것을 사용하였는데, 형태, 생태, 2차성징 및 혼인색의 차이 등을 감안하여 동일 종에 대하여 사진 여러 장을 제시하기도 하였다. 서식지 사진은 가장 최근에 촬영한 사진을 주로 이용하였으나 제시한 사진과 현재 하천 환경이 다를 수도 있다.

7. 참고 문헌에는 본 도감의 내용과 직접 관련되어있거나 인용한 어류의 분류, 분포, 생태 등에 관한 서적, 도감, 학술 논문 등을 밝혀두었다.

차 례

3부 천연기념물과 위기에 처한 민물고기

1부

민 물 고 기 와 금 강

버들붕어의 산란

물고기의 외부 형태 ‖ 측정 형질

전장(全長, total length) : 주둥이 앞 끝에서 꼬리지느러미 뒤 끝까지의 길이.

체장(體長, body length or standard length) : 주둥이 앞 끝에서 마지막 척추골(꼬리지느러미의 기부)까지의 길이.

체고(體高, body depth) : 지느러미를 제외한 몸통 최대의 높이.

두장(頭長, head length) : 주둥이 앞 끝에서 아가미덮개 끝까지의 길이.

등지느러미 기점 거리(predorsal length) : 주둥이 앞 끝에서 등지느러미 시작점까지의 거리.

뒷지느러미 기점 거리(preanal length) : 주둥이 앞 끝에서 뒷지느러미 시작점까지의 거리.

미병장(尾柄長, caudal peduncle length) : 뒷지느러미 마지막 기조의 기저 끝에서 마지막 척추골까지의 거리.

미병고(尾柄高, caudal peduncle depth) : 미병부(꼬리자루)의 최소 높이.

안경(眼徑, eye diameter) : 눈의 지름.

양안간격(兩眼間隔, interorbital length) : 양 눈 사이의 가장 짧은 거리.

문장(吻長, snout length) : 주둥이 앞 끝에서 눈 앞 가장자리까지의 거리.

입수염 길이(barbel length) : 입수염 기부에서 끝까지의 길이.

지느러미 기조수(number of fin rays) : 주로 등지느러미와 뒷지느러미를 계수하며 극조(가시)와 연조를 구분한다(3극조 10연조일 경우 Ⅲ-10으로 표기).

옆줄비늘수(number of lateral line scales) : 옆줄비늘은 1개의 구멍과 점액관이 있는 특수한 구조를 가진 비늘로서 어류의 중요한 감각기관이다. 옆줄비늘수는 어종에 따라 차이가 있어 분류의 주요 형질이 된다.

횡열비늘수(number of scales above[below] the lateral line) : 옆줄을 중심으로, 옆줄상부비늘수는 등지느러미 기점부터 아래쪽으로 세어 내려오며, 옆줄하부비늘수는 뒷지느러미 기점부터 세어 올라간다.

새파수(number of gill rakers) : 일반적으로 첫 번째 새궁의 새파를 계수한다.

척추골수(number of vertebrae) : 처음 척추뼈부터 마지막 척추뼈까지의 마디 수(투명 염색하거나 X-ray 촬영 후 계수한다).

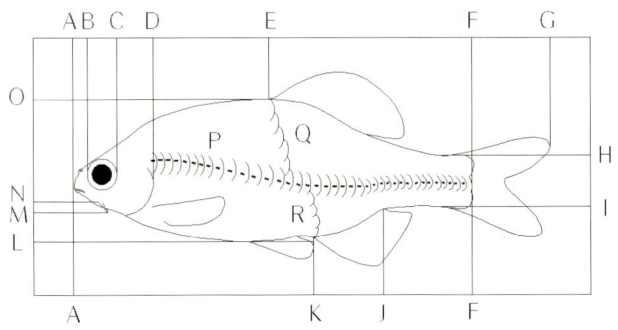

어류의 측정 · 계수 형질

A-G : 전장 A-F : 체장 A-E : 등지느러미 기점 거리 A-K : 뒷지느러미 기점 거리
A-D : 두장 A-B : 문장 B-C : 안경 H-I : 미병고 F-J : 미병장 L-O : 체고
M-N : 입수염 길이 P : 옆줄비늘수 Q : 옆줄상부비늘수 R : 옆줄하부비늘수

물고기의 외부 형태 ‖ 무늬와 몸 형태

● 무늬

어류의 무늬는 몸의 바탕색과 다른 색으로 나타나는 무늬를 말한다. 물고기 머리가 위쪽으로 향한 상태를 기준으로 하여 가로무늬, 세로무늬, 점무늬 등으로 구분한다.

가로무늬

세로무늬

점무늬

● 몸 형태

몸통의 단면	옆에서 본 모양	몸통의 단면	옆에서 본 모양	몸통의 단면	옆에서 본 모양
⬭	유선형(방추형)	⬮	옆으로 납작한 형(측편형)	⬯	원통형(구형)
⬤	가늘고 긴 형(장어형)	⬭	위에서 본 모양 위아래로 납작한 형(종편형)	⬮	리본형

한반도 6대 하천, 금강

금강의 명칭은 '곰(ᄀᆞᆷ)' 토템과 관련하여 'ᄀᆞᆷ강'에서 '금강'으로 변화하였을 것으로 추측하기도 한다. 《동국여지승람(東國輿地勝覽)》에 의하면, 금강은 그 물줄기를 따라 상류 지역의 적등진강(赤登津江), 차탄강(車灘江), 화인진강(化仁津江), 말흘탄강(末訖灘江), 형각진강(荊角津江) 등과, 공주 부근의 웅진강, 부여의 백마강, 그리고 하류의 강경강, 진강(津江) 등 여러 이름으로 불렸다고 한다.

금강은 전라북도 장수군 장수읍 수분리의 신무산(896.8m) 동쪽 계곡에서 발원하여 충청남도와 전라북도의 도계를 이루는 서천군과 군산시 사이의 하구언에서 서해로 유입하는 강이다. 유로 연장 397.25km, 유역 면적 9912.15km²인 우리나라 6대 하천 중 하나이며, 남한에서는 낙동강(513.5km)과 한강(497.3km)에 이어 세 번째로 길고 큰 강이다.

신무산 발원지부터 북쪽으로 유로를 향한 금강은 진안고원에서 흘러나오는 정자천과 주자천, 덕유산의 서쪽 사면과 북쪽 사면에서 발원하여 흐르는 구량천과 무주남대천, 금산의 봉황천, 영동의 영동천과 초강, 옥천, 상주, 보은의 보청천 등과 합류한다. 이어 북서쪽으로 유로를 튼 금강은 대전천, 유등천과 합류한 갑천하고 대전에서 만난다. 이후 진천의 백곡천, 증평의 보강천, 청주의 무심천, 연기의 조천 등이 미호천에 합류한 다음 연기군 남면에서 금강에 유입되면서 물길이 남서진한다. 공주에서 유구천, 부여에서 지천과 금천, 논산에서 석성천이 금강에 합류하고, 논산천에서 노성천, 강경천에서 마산천과 어량천 등이 합류한 후 강경읍에서 논산천과 강경천이 만나 금강에 유입된다. 서천군 마서면에서 길산천이 합류되면서,

금강은 하구둑을 통해 서해로 유입된다. 한편 금강에는 홍수 조절과 용수 확보를 위해 저수 용량 8억 1500만m³의 용담다목적댐과 14억 9000m³의 대청다목적댐이 축조되어있고, 하구에는 1억 3800만m³의 담수량을 지닌 금강하구둑이 있다.

한반도 중앙에 위치한 금강 유역의 연평균 강수량은 1100~1300mm이다. 그러나 여름철에 집중되는 우리나라 강우 형태의 특성상 계절에 따른 유량의 증감이 매우 심한 편이다. 강의 상류 지역은 산지 지형으로 감입곡류를 형성하고, 중·하류부에는 금산분지, 보은분지, 청주분지, 대전분지

상류 ‖ 전북 장수군 천천면
금강(우측)과 장계천이 합류한다.

중상류 ‖ 전북 진안군 용담면

등과 미호평야, 논산평야 등의 충적평야가 발달해 있다.

금강은 선사시대 이래로 우리 민족에게 중요한 삶의 터전을 제공하여왔을 뿐만 아니라 문화의 꽃을 피우게 한 원동력이 되었다. 금강 유역에는 공주 석장리의 선사시대 유적, 부여 송국리의 청동기 유적, 그리고 삼국시대 찬란한 백제문화의 중심지인 웅진(공주)과 사비(부여)가 있다. 뿐만 아니라 금강은 각종 예술 작품의 소재가 되어 생명의 모태로서, 중부권 문화의 요람이자 발상지로서 역사적 · 정신적 밑바탕이 되고 있다.

중류 ‖ 대전 대덕구 신탄진

하류 ‖ 충남 부여군

하구 ‖ 전북 군산시 금강호

금강 수계도

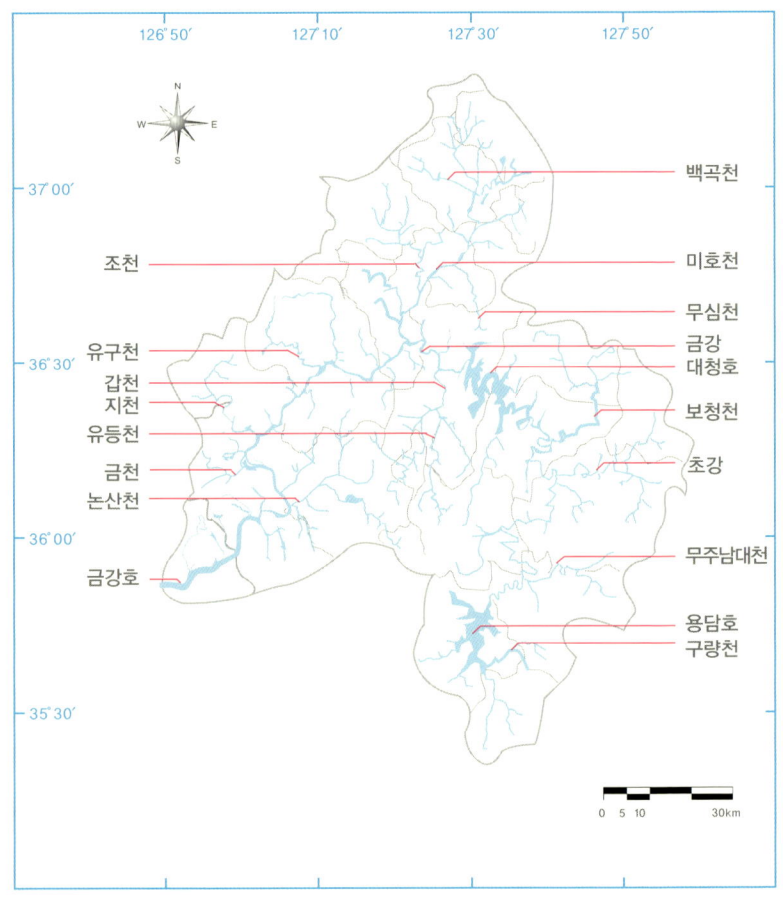

백곡천

조천　　　　　　　　　　　　　　　　미호천

　　　　　　　　　　　　　　　　　무심천
유구천　　　　　　　　　　　　　　　금강
갑천　　　　　　　　　　　　　　　　대청호
지천
유등천　　　　　　　　　　　　　　　보청천

금천　　　　　　　　　　　　　　　　초강
논산천

　　　　　　　　　　　　　　　　　무주남대천
금강호
　　　　　　　　　　　　　　　　　용담호
　　　　　　　　　　　　　　　　　구량천

0 5 10　　　30km

금강 민물고기의 유래와 분포

우리나라에 분포하고 있는 민물고기는 신생대 제3기 말의 선신세(Pliocene) 후기부터 몇 차례의 빙하기와 간빙기를 거치는 동안 빙하기인 해퇴기에 고황하(古黃河) 수계를 통하여 각 하천으로 유입된 중국계 어류와 남방계 어류, 고아무르 수계를 통하여 유입된 북방계 어류로 구성되었으며, 이후 해침기에 하천이 고립되면서 분화된 고유종들이 있다. 우리나라 민물고기의 지리적 분포 구계(區系)는 이러한 유래와 분화, 지리적 장벽에 따른 어류상을 토대로 하여 설정되고 검토되어왔다. 백두대간을 중심으로 압록강, 청천강, 대동강, 한강, 금강, 만경강 등이 포함되는 서한아지역과, 영산강, 탐진강, 섬진강, 낙동강, 그리고 강릉 남대천 아래의 동해로 유입되는 여러 하천이 포함되는 남한아지역으로 구분되며, 강릉 남대천부터 그 이북의 백두대간 동편은 동북한아지역으로 구분된다(김과 박, 2002 ; 22쪽 참조).

현재 우리나라에는 총 17목 39과 215종의 민물고기(담수어)가 서식하고 있는 것으로 알려져있다(정, 1977; 최 등, 1990; 김과 박, 2002; 김 등, 2005a; 김 등, 2005b). 이 중에는 1차 담수어와 2차 담수어, 육봉형뿐만 아니라 주연성 어류로서 비교적 염분 농도가 높은 하구와 석호 등에 서식하는 기수성 어류, 바다에 살면서 일시적으로 민물에 출현하는 어류, 그리고 바다와 하천을 왕래하는 소하성 및 강하성 어류 등이 있으며, 해외에서 들여와 우리나라 하천에 방류된 후 적응하여 번식하고 있는 외래 담수어 11종도 포함되어있다.

동일한 기준으로 금강 수계의 민물고기는 총 16목 37과 139종이 기록되었다(Mori, 1936; 內田, 1939; 최와 김, 1972; 최, 1973; 전, 1977; 최 등, 1977; 손, 1983, 1991; 최 등, 1985; 이, 1992; 홍, 1995; 김, 1997; 최 등, 1997; 환경부, 1997~2004).

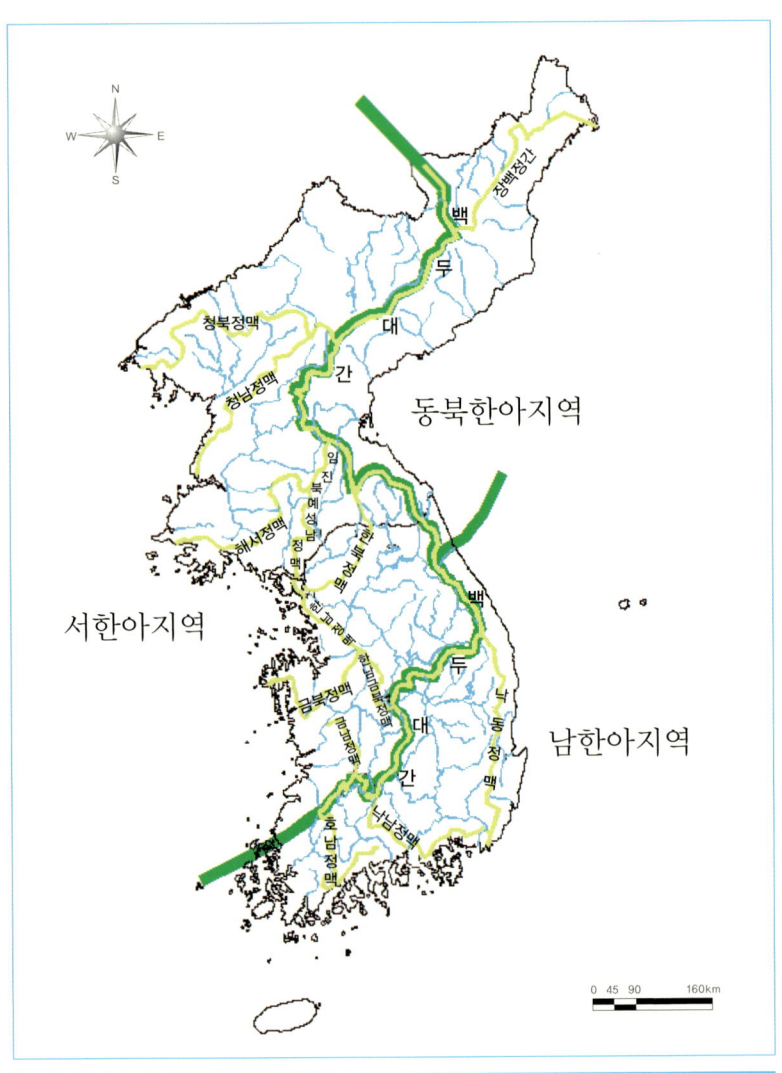

W N E S

정백정간

백

두

대

간

청북정맥

청남정맥

동북한아지역

임진북예성남정맥

해서정맥

한북정맥

한남금북정맥

서한아지역

한남정맥

금북정맥

백

금남호남정맥

두

금남정맥

낙동정맥

대

간

남한아지역

호남정맥

낙남정맥

0 45 90   160km

산경도와 우리나라 민물고기의 분포 구계

이 가운데 하천 하구와 인접한 연안에 주로 서식하는 일부 망둑어과 어류는 근접 지역에 서식 기록이 있을 경우 금강의 어류 목록에 포함시켰다. 한편 문헌상에 출현이 기록되어있는 새미, 모샘치, 배가사리, 살치, 구굴무치 등은 분포 여부와 관련하여 재검토가 필요할 것으로 본다.

금강 수계의 어류 139종을 분류군별로 구분해보면, 잉어과가 50종으로 전체 어종 중 가장 많은 36.0%를 차지하며, 두 번째로는 망둑어과가 22종(15.8%), 그 다음은 참복과가 6종(4.3%), 미꾸리과·동자개과·뱅어과가 각각 5종(3.6%), 동사리과가 3종(2.2%)으로 나타났다. 이 밖에 철갑상어과·멸치과·청어과·메기과·퉁가리과 등 13과는 각각 2종씩, 칠성장어과·뱀장어과·종개과·송사리과·큰가시고기과 등 17과는 각각 1종씩이었다.

생태형에 따라 구분해보면, 순수 담수어는 잉어과 50종, 미꾸리과와 동자개과 각각 5종, 동사리과 3종, 메기과·퉁가리과·꺽지과·검정우럭과·망둑어과가 각각 2종, 그 외에 쌀미꾸리·찬넬동자개·대륙송사리·드렁허리·강주걱양태·버들붕어·가물치까지 모두 80종으로 전체 어종의 57.6%를 차지하였다. 소하성 어류는 철갑상어·칼상어·빙어(자연분포형)·국수뱅어·벚꽃뱅어·도화뱅어·젓뱅어·붕퉁뱅어·큰가시고기·꺽정이·황복 등 11종(7.9%)이고, 강하성 어류는 뱀장어·은어 등 2종(1.4%)이었으며, 그 외 주연성 어류는 망둑어과 19종을 비롯하여 41종(29.5%)이었다. 육봉형은 다묵장어·산천어·무지개송어·둑중개·밀어 등 5종(3.6%)으로 나타났으며, 방류 후 댐호에 적응하여 서식하는 육봉형 빙어와 은어를 포함하면 7종이 된다.

우리나라에 서식하고 있는 민물고기 215종 중 한국 고유종은 모두 61종(28.4%)이고, 금강 수계에 서식하는 한국 고유종은 33종이다. 특히 미호종개는 금강에만 서식하고 있는 금강의 고유종이며, 감돌고기는 금강을 비롯하여 금강 인근의 만경강, 웅천천 등에 소수가 분포하고 있다. 어류와 관련된 금강의 천연기념물은 어름치 서식지(천연기념물 238호)와 어름치(259호), 그리고 미호종개(454호) 등 3건이 지정되었고, 금강에 서식하는 어류 중 멸종위기야생동 · 식물 I 급으로는 감돌고기, 흰수마자, 미호종개, 퉁사리 등 4종, 멸종위기야생동 · 식물 II 급으로는 다묵장어, 꾸구리, 돌상어, 둑중개 등 4종이 포함되어있다.

한편 금강과 한강에서 함께 산출되는 어름치, 꾸구리, 돌상어, 금강모치 같은 고유종들은 두 강이 과거 한때 연결되어있었거나 한강 일부가 금강에 편입되는 하천쟁탈 가능성을 나타내는 지표 어종이기도 하다.

금강 수계에서 서식하고 있음이 확인된 외래 어종은 이스라엘잉어, 떡붕어, 초어, 백련어, 찬넬동자개, 무지개송어, 블루길, 배스 등 4과 8종이다. 블루길과 배스는 우리나라 고유의 수중 생태계를 심하게 교란시켜 '생태계 교란야생동 · 식물'로 지정되었고, 떡붕어와 블루길은 대청호 등에서 우세종으로 출현하고 있다. 외래종은 아니지만 국내의 다른 수계로부터 금강 수계로 도입된 어류는 산천어가 있고, 뱀장어와 빙어, 그리고 은어는 금강에 자연적으로 서식하는 어종이기도 하지만 자원 증식용으로 대청호 등에 방류되기도 했다.

용어 설명

어류(魚類, fish) : 분류학적으로 척색동물문(脊索動物門, Phylum: Chordata), 척추동물아문(脊椎動物亞門, Subphylum: Vertebrata)에 속하며 연구자에 따라 분류 체계가 다양하지만, 일반적으로 먹장어강(Class: Myxini), 익갑강(Pteraspidomorphi), 두갑강(Cephalaspidomorphi), 판피어강(Placodermi), 연골어강(Chondrichthyes), 극어강(Acanthodii), 조기어강(Actinopterygii), 육기어강(Sarcopterygii) 등 8개 강으로 나눈다. 이들 중 익갑강, 판피어강, 극어강 등 3개 강은 절멸된 분류군이다. 우리나라 민물고기는 다묵장어와 칠성장어 같은 무악어류인 두갑강과, 경골어류인 조기어강으로 구성되어있다.

담수어(淡水魚, freshwater fish) : 엄밀한 의미의 담수어, 즉 민물고기는 민물(담수)에서만 일생을 보내는 어류를 지칭하지만, 일반적으로 민물에 서식하는 어류, 기수에 서식하거나 민물과 바닷물(해수)을 왕래하는 어류, 주로 바닷물에 서식하지만 가끔 민물이나 기수에 나타나는 어류 등을 모두 포함시켜 부른다.

주연성 어류(周緣性 魚類, peripheral fish) : 기수에서 생활하거나 생활사의 어느 시기에 강 또는 바다에 잠시 머무르는 어류.

강하성 어류(降河性 魚類, catadromous) : 민물에서 성장한 후 바다로 내려가 산란하는 어류. 부화된 물고기는 다시 민물로 올라와 생활한다. 뱀장어, 무태장어 등이 있다.

소하성 어류(遡河性 魚類, anadromous fish) : 바다에서 성장한 후 민물에 올라와 산란하는 어류. 부화(또는 변태) 후 다시 바다로 내려가 생활한다. 칠성장어, 연어, 송어 등이 있다.

육봉형(陸封型, land locked form) : 민물과 바닷물을 왕래하던 종이 지형적·생리적 제약 등으로 인하여 일생을 민물에서 생활하는 유형으로 산천어, 열목어 등이 있다.

기수(汽水, brackish water) : 바다와 인접한 호수나 강 하구와 같이 조수가 드나들어 민물과 바닷물이 섞여있는 물. 기수에 서식하는 물고기를 '기수어'라고도 한다.

종(種, species) : 형태, 생태 및 생리적인 특징을 지녀 다른 집단과 생식적으로 격리되는 집단.

아종(亞種, subspecies) : 같은 종이지만 형태와 지리적 위치가 구별되는 집단.

고유종(固有種, endemic species) : 지리적으로 한정된 지역에서만 협소하게 서식하는 종.

학명(學名, scientific name) : 국제적 명명규약에 의거해 세계적으로 통용되는 생물의 이름. 라틴어를 쓰며 이탤릭체로 표기하고, 속명은 1단어, 종명은 2단어, 아종명은 3단어를 쓴다. 예를 들어 잉어는 *Cyprinus*(속명) *carpio*(종소명), 중고기는 *Sarcocheilichthys*(속명) *nigripinnis*(종소명) *morii*(아종명)이다.

이차성징(二次性徵, secondary sexual characteristics) : 자웅이체 생물에서 생식기 이외의 다른 부분에 나타나는 성적 특징.

혼인색(婚姻色, nuptial colour) : 평소에는 드러나지 않다가 산란기 때 나타나는 몸색 변화로, 화려한 경우가 많고 일반적으로 수컷에게 현저하게 나타난다.

추성(追星, nuptial organ) : 대부분 산란기에 혼인색과 함께 몸 표면에 나타나는 돌기로서, 수컷에게 현저하다. 주로 머리 부분에 많이 나타나고 지느러미나 몸통에 나타나는 경우도 있다.

생식행동(生殖行動, reproductive behavior) : 생식을 목적으로 하는 세력권방어행동과 구애행동, 산란행동, 알과 자어의 보호행동 등을 말하며, 종에 따라 다양하고 독특한 양상을 띤다.

세력권(勢力圈, territory) : 일정한 구역을 설정하고 다른 개체가 침입하지 못하도록 적극적으로 방어하는 지역. 일반적으로 먹이 확보나 생식, 새끼의 보호 등을 위해 형성한다.

부성란(浮性卵, pelagic egg) : 알의 비중이 물보다 작아서 물위에 뜨는 알.

침성란(沈性卵, demersal egg) : 알의 비중이 물보다 커서 물속에 가라앉는 알.

난각(卵殼, chorion) : 일반적으로 동물의 알을 둘러싸고 있는 여러 개의 막을 총칭하여

'난막(egg membrane)'이라고 하지만, 경골어류의 경우 알의 가장 바깥쪽 막을 '난각'이라 부른다.

난황(卵黃, yolk) : 달걀 노른자처럼 동물의 알 속에 저장되어있는 과립의 영양물질로 배 발생이 진행되는 동안 영양원으로 쓰인다.

유구(油球, oil globule) : 알의 난황 안에 들어있는 구형의 지방. 알의 비중을 작게 하며 발생시 영양분으로 쓰인다.

전기자어(前期仔魚, prelarva) : 부화 직후부터 난황을 모두 흡수하기 전까지의 어린 물고기.

후기자어(後期仔魚, postlarva) : 난황을 흡수한 후부터 모든 지느러미의 기조수가 성어와 같게 되기 전까지의 어린 물고기.

치어(稚魚, juvenile) : 모든 지느러미의 기조가 완성된 시기부터 성어와 체형이 같아지기 전까지의 어린 물고기.

미성어(未成魚, young fish) : 체형과 기관의 발달은 성어와 같으나 생식 능력이 없는 미성숙한 물고기.

성어(成魚, adult fish) : 완전히 성숙하여 생식 능력을 지닌 물고기.

각질치(角質齒) : 각질성의 이와 같은 구조물로, 턱이 없는 원구류의 입빨판(구흡반)에 있다. 입빨판으로 숙주에 달라붙은 다음 각질치를 이용해 조직에 상처를 내고 체액을 흡입한다.

기조(鰭條, fin ray)/지느러미살 : 물고기 지느러미 막을 지지하는 막대 모양의 골격 구조. 기조수는 중요한 분류학적 형질로, 극조(가시)와 연조로 구분한다.

극조(棘條, spinous ray) : 마디가 없이 딱딱하고 끝이 뾰족한 기조.

연조(軟條, soft ray) : 마디로 되어있고 탄력이 있으며 부드럽다. 끝이 갈라지지 않은 불분지 연조와 끝이 갈라진 분지 연조가 있다.

기름지느러미(adipose fin) : 등지느러미와 꼬리지느러미 사이에 위치하며 크기가 작고 기조가 없는 막상(膜狀)의 지느러미.

골질반(骨質盤, lamina circularis) : 미꾸리과 어류에 나타나는 특징으로, 수컷의 가슴지느러미 제2기조가 두꺼워지고 기부가 팽대되어있는 구조. 형태에 따라 분류의 중요한 기준이 된다.

근절(筋節, myomere) : 어류의 몸통에서 마디 모양을 이루는 근육.

새파(鰓耙, gill raker) : 새궁(아가미를 지지하는 골격)의 앞 가장자리에 있는 골질돌기로서, 어류의 식성에 따라 다르게 나타난다. 부유물 식성일수록 길고 수가 많으며 육식성일수록 짧고 수가 적다.

인두치(咽頭齒, pharyngeal teeth) : 턱니의 발달이 미약하거나 없는 어류에 나타나는데, 인두골에 이가 발달한다. 특히 잉어과 어류에 발달되어있고, 인두치의 형태와 수는 분류 형질로 쓰인다.

유문수(幽門垂, pyloric ceca) : 위(胃) 후단의 유문부에 붙어있는 맹관으로, 소화기관의 일종이다. 모양이나 수는 어종에 따라 차이가 있다.

반문(斑文, band pattern) : 몸 표면에 몸의 바탕색과 다른 색으로 나타나는 무늬. 일반적으로 가로무늬, 세로무늬, 점무늬 등으로 구분한다.

총배설강(總排泄腔, cloaca) : 소화관의 끝 부분으로 배설 및 생식 물질이 함께 배출되는 장소. 고등 포유류는 배설공과 생식공이 따로 분리되어있다.

파(parr) : 연어과 어류의 초기 발육 단계에서 몸 측면에 나타나는 가로무늬 또는 가로무늬가 나타나는 시기의 치어를 통칭하는 용어. 이 무늬를 '파 표지(parr mark)'라고도 한다.

포르말린(formalin) : 자극성이 강한 무색 액체로서 37~40%의 포름알데히드(formaldehyde) 수용액이다. 방부제로 사용하며, 어류를 고정시킬 때는 일반적으로 10%(포르말린 1 : 물 9)로 희석한 수용액을 사용한다.

하천쟁탈(河川爭奪, river piracy) : 지각 활동에 의하여 어느 하천의 일부분이 다른 수계의 하천에 편입되는 현상.

2부

금강 민물고기 종별 해설

미호종개 *Iksookimia choii* : 미호종개는 금강 고유종으로 1984년 신종으로 기재되었다

10 목

21 과

88 종

다묵장어

Lethenteron reissneri (Dybowski)

다묵장어

영어명 : sand lamprey

전장 : 150~210mm

형태 및 몸색 ● 몸은 가늘고 긴 원통형이다. 입은 주둥이 끝에 있으며 입빨판(구흡반)을 형성한다. 외비공(外鼻孔)은 머리의 등 쪽 중앙에 1개 있고, 아가미구멍은 7쌍이다. 몸색은 갈색인데 꼬리지느러미 외연은 흑색이다. 칠성장어보다 소형이며 마지막 아가미구멍부터 총배설강 앞까지의 근절 수가 55~60개로, 69~79개인 칠성장어보다 적어 구분된다.

생태 ● 일생 동안 민물에서 보내는 육봉형으로, 유생과 성체 모두 유속이 완만한 하천 가장자리의 모래나 진흙 바닥에 서식한다. 유생은 눈이 없으며 하천 바닥에 몸을 묻고 유기질 등을 먹지만, 변태하여 성체가 되면 먹이를 먹지 않는다. 산란기는 3~5월이며 소규모의 집단을 이루어 자갈밭에서 산란을 하고 죽는다. 만 1년 된 유생은 전장 40~90mm, 2년생은 90~130mm, 3년생은 130~210mm까지 성장하는데, 3년생이 9~10월경에 변태를 하여 성체가 된 후 만 4년이 되는 이듬해 봄에 산란한다.

분포 ● 제주도를 제외한 남한 전역에 분포하고, 국외에는 일본, 사할린, 중국 북부 등에 분포한다. 전국적으로 개체 수가 급감하고 있으며, 최근에는 금강에서 채집된 기록이 없다. 멸종위기야생동·식물Ⅱ급이다.

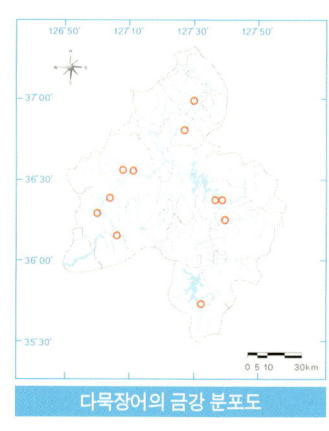

다묵장어의 금강 분포도

Lethenteron reissneri (Dybowski)

다묵장어

다묵장어의 입빨판과 각질치(角質齒)
다묵장어 암컷의 생식공

다묵장어의 유생

알을 가진 다묵장어 암컷

뱀장어

Anguilla japonica Temminck and Schlegel

뱀장어

영어명 : eel   전장 : 400~600mm

형태 및 몸색 ● 몸은 긴 원통형이며 후반부로 갈수록 옆으로 납작해진다. 옆줄은 선명하고 입은 크며 아래턱이 위턱보다 길다. 아가미는 가슴지느러미 앞쪽에 수직으로 열려있고 등지느러미, 뒷지느러미, 꼬리지느러미가 서로 연결되어있다. 몸색은 서식지에 따라 차이가 있으나 등 쪽이 흑청색, 배 쪽은 은색 또는 담황색이다.

생태 ● 우리나라 담수역 대부분에 서식하며, 주로 밤에 활동한다. 수서곤충, 새우, 물고기 등을 먹는 육식성이다. 민물에서는 5~12년을 생활한다고 알려져있다. 산란을 위해 9~10월에 바다로 이동하고, 마리아나 군도와 필리핀 사이의 북태평양 서부에서 4~7월에 산란하는 것으로 알려졌다. 부화한 유생은 '댓잎뱀장어[렙토세팔루스(leptocephalus)]'라고 부르며, 가을쯤 동북아시아의 대륙사면에 이르러 원통형의 투명한 실뱀장어로 변태한다. 이후 쓰시마해류를 타고 한반도에 접근한 실뱀장어들은 2~5월경 제주도 및 서해안과 남해안 강하구로 소상한다. 민물에 오른 실뱀장어는 그해 여름까지 약 150~175mm까지 성장한다.

분포 ● 영동 북부의 동해 유입 하천을 제외한 전 수역에 분포한다. 최근 하구언, 댐 등으로 이동로가 막혀 서식지가 매우 축소되고 있어, 일부 댐과 저수지로 실뱀장어를 방류하고 있다.

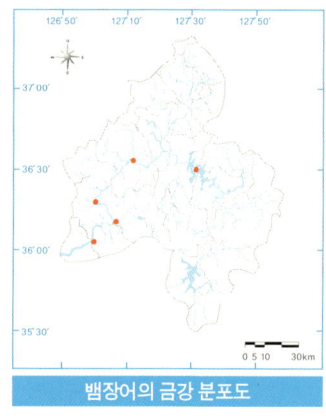

뱀장어의 금강 분포도

Anguilla japonica Temminck and Schlegel 뱀장어

어린 뱀장어

뱀장어

뱀장어의 머리 부분

실뱀장어

잉어

잉어

영어명 : carp   전장 : 300~500mm

형태 및 몸색 ● 몸은 길고 옆으로 납작하며 두껍다. 주둥이는 둥글고, 입은 아래쪽을 향하며, 2쌍의 입수염이 있다. 눈은 작은 편이고, 비늘은 크며, 옆줄은 완전하다. 몸색은 회녹색 또는 회갈색으로 등 쪽은 진하고 배 쪽은 연하다.

생태 ● 하천, 저수지, 댐호, 늪 등 물살이 느리고 깊은 곳에 주로 서식한다. 식성은 잡식성으로 부착 조류, 수초, 수서동물, 작은 물고기, 그리고 흙 속의 동물질과 식물질 등 무엇이나 먹는다. 산란기는 5~6월이며 수온이 18~22℃일 때 산란 활동이 가장 활발하다. 암수가 무리를 지어 산란하며, 알은 수초에 붙는다. 보통 전장이 550mm 정도 되는 암컷은 30만~40만 개의 알을 낳는다. 성장은 만 1년생이 100~150mm, 2년생이 180~250mm이고, 3년생은 300mm 안팎으로 자란다. 수컷은 2년, 암컷은 3년 만에 성적으로 성숙한다. 수명은 30~40년이다.

분포 ● 중앙아시아가 원산지이며, 우리나라 전역에 분포한다. 금강 수계에는 진안, 보은, 대전, 공주, 부여, 논산 등에 서식한다.

참고 ● 잉어는 양식용과 관상용으로 사육되는 이스라엘잉어와 비단잉어 등이 있으나, 모두 *Cyprinus carpio* 단일 종이다.

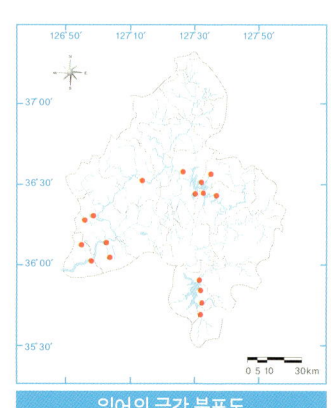

잉어의 금강 분포도

Cyprinus carpio Linnaeus

잉어 개체군

잉어의 산란행동

잉어

이스라엘잉어
Cyprinus carpio Linnaeus

이스라엘잉어

영어명 : Israeli carp   전장 : 300~500mm

형태 및 몸색 ● 몸은 잉어와 유사한데, 체고가 잉어보다 비교적 높은 편이다. 등쪽과 체측 중앙부에 큰 비늘이 일렬로 드문드문 나있다. 몸색은 암청색 또는 회흑색이며 이 색은 배 쪽으로 갈수록 점차 연해진다. 각 지느러미는 비교적 어두운 빛깔을 띤다.

생태 ● 대형 호수 또는 유속이 느린 하천에 서식한다. 그 외 생태적인 특성은 잉어와 유사할 것으로 추정하고 있다.

분포 ● 댐호나 저수지 등에 방류하였거나 양어장으로부터 빠져나온 개체들이 서식하고 있다. 금강에서는 대청호 등에서 발견되었다.

참고 ● 이스라엘잉어는 독일산 가죽잉어와 이스라엘 토착 잉어 사이의 교잡에 의해 식용을 목적으로 개량되었는데, 성장이 빠르고 맛이 좋아 세계 각국에서 양식하고 있다. 우리나라에서는 1973년 5월에 약 3cm의 치어 1000여 마리를 이스라엘로부터 도입한 이후 양어장에서 양식하기 시작하였다. 특히 소양호, 대청호와 같은 대형 댐호에서 가두리양식이 시행되었고, 그중 일부는 자원 증식이라는 명목으로 저수지나 호수 등에 방류하기도 하였다. 다른 말로 '향어'라고 부르기도 한다.

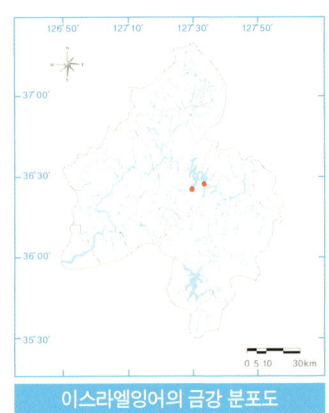

이스라엘잉어의 금강 분포도

Cyprinus carpio Linnaeus

이스라엘잉어

잉어 · 이스라엘잉어 · 비단잉어의 무리

이스라엘잉어 가두리양식 ‖ 대청호(1997년)

붕어

Carassius auratus (Linnaeus)

붕어

영어명 : crucian carp 전장 : 100~300mm

형태 및 몸색 ● 체고는 비교적 높은 편이고, 입은 작으며 입가에 수염이 없다. 옆줄은 완전한데 중앙부가 배 쪽으로 약간 휘어있다. 몸색은 보통 녹갈색 또는 황갈색이지만, 서식지에 따라 변화가 심하다.

생태 ● 하천, 저수지, 호수, 늪, 농수로 등의 고여있는 물에 주로 서식한다. 환경오염에 대한 내성이 강하다. 잡식성으로 수초, 수서동물, 펄 속의 유기물 등을 섭식한다. 산란기는 수온이 17~20℃ 사이인 4~7월이며, 산란 적온은 18℃ 안팎이다. 전장이 200~300mm 정도 되는 개체의 포란 수는 4만~20만 개이고 알은 수초에 부착한다. 성장은 만 1년생이 140~160mm, 2년생이 160~180mm, 3년생이 200~230mm에 이른다.

분포 ● 하천 상류를 제외한 우리나라 전역에 서식하며, 저수지, 호수 등 많은 곳으로 이입되었다. 금강 수계에도 상류를 제외한 거의 전 지역에 서식하고 있다.

참고 ● 전국 하천에 확산되어있는 일본산 떡붕어는 붕어에 비해 체고가 현저히 높다. 일본산 떡붕어의 몸색은 회백색이고, 비늘은 크고 쉽게 떨어지며 윤기가 없다. 또한 새파수가 붕어에 비하여 현저히 많아 붕어와 구별된다.

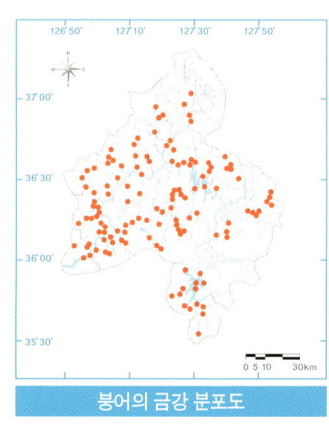

붕어의 금강 분포도

Carassius auratus (Linnaeus)

붕어

붕어 서식지 ‖ 충북 진천군 초평저수지

떡붕어

Carassius cuvieri Temminck and Schlegel

떡붕어

영어명 : crucian carp

전장 : 200~400mm

형태 및 몸색 ● 몸은 붕어와 유사하지만, 체고가 현저히 높다. 눈은 머리의 중앙 선상에 위치하고, 입은 위쪽을 향하며, 꼬리지느러미 중앙부가 깊이 파여있다. 비늘은 붕어보다 크지만 얇고 윤기가 없으며 쉽게 떨어진다. 몸색은 보통 회백 색이다. 새파수는 붕어가 44~52개인 데 비해 떡붕어는 92~128개로 훨씬 많다.

생태 ● 서식지는 강 하류, 호수, 저수지 등인데, 떼를 지어 중층이나 표층을 유영 하면서 식물성플랑크톤을 주식으로 한다. 체장이 130~140mm쯤 자라면 체고 가 높아지고 몸이 측편되어 성어와 유사한 형태가 된다. 성장은 만 1년에 체장 90~110mm, 2년에 150~170mm, 3년에 230~250mm까지 자란다.

분포 ● 일본이 원산지이다. 우리나라 각 지역 의 댐호와 저수지에 이입되어 분포하고 있다. 금강 수계에서는 진안(용담호), 옥천(대청호), 대전(갑천) 등에 서식하고 있다.

참고 ● 떡붕어는 1970년 5월과 1972년 9월에 일본에서 도입하였는데, 현재 전국의 많은 댐 호에서 붕어보다 우세하게 나타나고 있다. 대 청호에는 떡붕어와 토종 붕어 사이의 잡종으 로 추정되는 중간형의 개체들이 다수 출현하 고 있다.

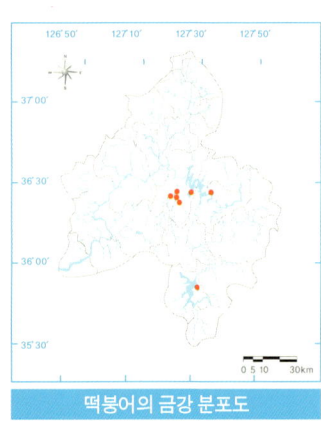

떡붕어의 금강 분포도

Carassius cuvieri Temminck and Schlegel　　떡붕어

떡붕어

붕어

떡붕어와
붕어의 중간형

떡붕어 서식지 ‖ 대청호

초어

Ctenopharyngodon idellus (Cuvier and Valenciennes)

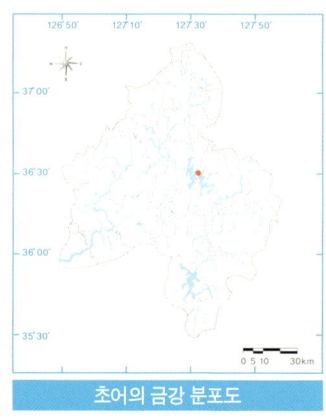

초어

영어명 : grass carp   전장 : 500~1000mm

형태 및 몸색 ● 몸은 길고 약간 둥근 편이다. 몸색은 등 쪽이 회갈색이며 체측과 복면은 다소 연한 색이다. 각 지느러미도 비교적 갈색을 나타낸다. 입수염은 없으며, 옆줄은 완전하다.

생태 ● 물속에서 자라는 수초를 먹으며, 뭍에서 자라는 풀도 던져주면 잘 먹는 초식성 어류이다. 주로 큰 강에 서식하는데, 어미가 산란을 하면 그 알은 하천을 따라 떠내려가면서 부화한다. 국내 하천에서는 자연 번식이 이루어지지 않는 것으로 알려져있다.

분포 ● 아시아 대륙 동부가 원산지이다. 자연적으로는 중국, 베트남, 라오스 등지에 분포하지만, 양식용으로 세계 각지에 도입되었다. 금강 수계에서는 대청호에서 발견되었다.

참고 ● 우리나라에서는 1963년 11월 일본에서 20만 마리를 들여와 낙동강과 소양호 등에 방류한 바 있다. 초어는 주로 수초를 섭식하기 때문에 서식지를 교란시키는 따위의 피해를 주기도 하는데, 수초 제거를 목적으로 방류된 경우도 있다.

초어의 금강 분포도

42

금강 발원지

금강 발원지는 전북 장수군 장수읍(長水邑) 수분리(水分里) 물뿌랭이 마을의 신무산(神舞山, 896.8m) 동쪽 계곡에 위치한 뜬봉샘이다. 이곳에서 흘러내린 물은 강태등골(1.5km)을 만들어 수분천(5.5km)으로 이어지면서, 서해 바다 하구까지 금강 천리(397.25km)의 긴 여정을 시작한다.

뜬봉샘에는 이름에 얽힌 설화가 있다. 조선의 개국조 태조 이성계는 나라를 얻기 위해 신무산 중턱에 재단을 쌓고 기도를 드리던 중 100일째 되던 날 계곡에서 날아오르는 봉황의 계시를 받았다. 그 자리에 옹달샘이 있어 이 물로 천제를 모셨으며, 옹달샘에서 봉황이 떴다고 하여 그 샘을 '뜬봉샘'이라 불렀다고 한다.

1 뜬봉샘 입구
2 신무산과 물뿌랭이 마을
3 강태등골
4 뜬봉샘

흰줄납줄개

Rhodeus ocellatus (Kner)

흰줄납줄개 ♂

영어명 : rose bitterling

전장 : 50~70mm

형태 및 몸색 ● 몸은 난원형으로, 체고가 매우 높고 아주 납작하다. 머리는 작고, 입수염은 없으며, 옆줄은 불완전하다. 등 쪽은 진한 녹갈색으로 초록빛 금속 광택이 있다. 체측면 중앙부 후단부터 청록색 세로줄이 가늘게 시작되어 굵어진다. 아가미 뒤쪽 상부에 희미한 반점이 있고, 그 뒤쪽으로 푸른빛의 가로무늬가 나타난다. 수컷의 혼인색은 주둥이, 아가미 뒤, 가슴ㆍ배ㆍ등ㆍ뒷지느러미의 앞쪽 후연, 꼬리지느러미 기부 등에 분홍 또는 붉은색이 강하게 나타난다.

생태 ● 유속이 완만하고 수초가 무성한 하천이나 저수지 등에 서식한다. 식성은 잡식성이다. 산란기는 5~6월이다. 수컷은 석패과 조개를 중심으로 세력권을 형성하며 암컷은 산란관을 조개의 출수공에 삽입한 후 산란한다. 전장에 비해 산란관이 긴 편이다. 수정란은 조개의 아가미 안에서 성장하고, 유영기에 달하면 조개의 밖으로 빠져나와 독립생활을 시작한다. 성장은 만 1년이 되면 전장 40~50mm, 만 2년이면 60~80mm까지 성장한다.

분포 ● 동해로 흘러드는 하천을 제외하고 전국 담수역에 서식한다. 국외에는 일본, 중국, 대만 등에 분포한다. 금강 수계에는 공주, 부여, 논산, 익산 등에 서식한다.

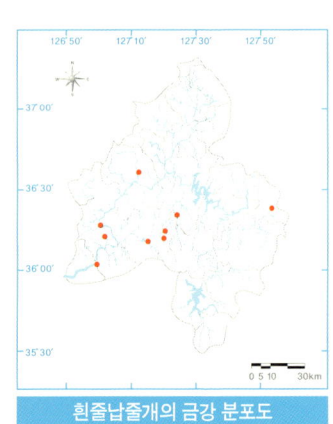

흰줄납줄개의 금강 분포도

Rhodeus ocellatus (Kner)

흰줄납줄개

산란관이 길게 늘어난 흰줄납줄개 암컷

흰줄납줄개의 산란행동

각시붕어

각시붕어 ♂

영어명 : Korean rose bitterling

전장 : 30~50mm

형태 및 몸색 ● 몸은 난원형으로, 체고가 높고 납작하다. 머리는 작고, 눈은 비교적 크다. 옆줄은 불완전해서 아가미 뒤쪽의 3~4번째 비늘까지 구멍이 뚫려있다. 등 쪽은 녹갈색이고, 몸 측면 중앙부터 미병부 끝까지 진한 청색 세로줄이 나타난다. 수컷의 등지느러미와 뒷지느러미의 앞쪽 가장자리 말단은 붉은색이고, 뒷지느러미의 가장자리를 따라 흑색 띠가 나타난다. 수컷은 산란기에 몸 전반부에 진한 노랑색이 강하게 나타나며 복면이 검게 변한다.

생태 ● 수초가 우거지고 유속이 완만한 하천이나 저수지 등의 수심이 얕은 곳에 서식한다. 식성은 잡식성이다. 산란기는 4~6월인데, 조개의 아가미 안에 산란관을 이용하여 산란한다. 조개의 아가미 안에서 부화하고 성장한 자어는 전장 7mm 정도로 자라면 조개로부터 빠져나온다. 만 1년에 약 30~40mm 내외로 자라 성어가 된다.

분포 ● 우리나라 동해로 흘러드는 하천을 제외한 전국의 담수역에 분포하는 한국 고유종이다. 금강 수계에는 장수, 옥천, 대전, 연기, 공주, 청양, 부여, 논산, 서천 등에 서식한다.

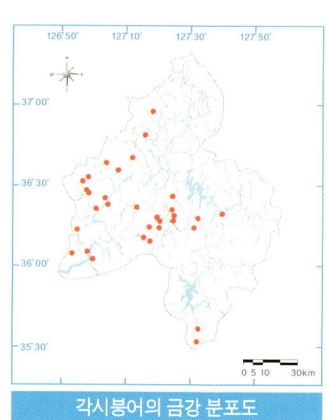

각시붕어의 금강 분포도

각시붕어

Rhodeus uyekii (Mori)

대칭이 아가미 속에 있는 부화 자어

각시붕어(우)

각시붕어(♂)

각시붕어 서식지 ‖ 충북 청주시 무심천

떡납줄갱이

Rhodeus notatus Nichols

떡납줄갱이 ♂

전장 : 30~50mm

형태 및 몸색 ● 몸은 길고 납작하며, 체고는 높지 않다. 옆줄은 불완전하여 4번째 비늘까지만 구멍이 나있다. 머리는 작고, 주둥이는 돌출되었으며, 입은 작다. 등 쪽은 담갈색이고, 아가미구멍 위쪽 후단에 작은 암점이 있다. 몸 중앙에는 아가미덮개 끝과 등지느러미 기점의 중간 지점에서 시작되는 암청색 세로줄이 있다. 등지느러미와 뒷지느러미는 모두 3극조 9~10연조이며, 옆줄비늘수는 32~33개이다. 등지느러미 앞쪽에 커다란 검은색 반점이 있다. 우리나라 납자루아과 어류 중 가장 소형이며, 산란기 수컷은 주둥이와 동공 위쪽, 등지느러미와 뒷지느러미 가장자리가 붉게 변한다.

생태 ● 유속이 완만한 하천이나 저수지의 수초가 많은 지역에 무리 지어 서식한다. 플랑크톤이나 유기물 등을 먹는 잡식성이다. 산란기는 4~6월이며, 조개의 아가미에 산란한다. 수정란은 22℃에서 약 40시간 만에 4.0~4.4mm로 부화하고, 8.8~9.0mm인 19~20일경이면 부상기에 이르러 조개로부터 나온다. 성장도는 알려지지 않았으나 만 1년이면 30mm 이상으로 성숙한다.

분포 ● 서해와 남해로 유입되는 하천 수계에 분포한다. 중국에도 서식한다. 금강 수계에는 청원, 공주, 청양, 부여, 익산, 서천 등에 서식한다.

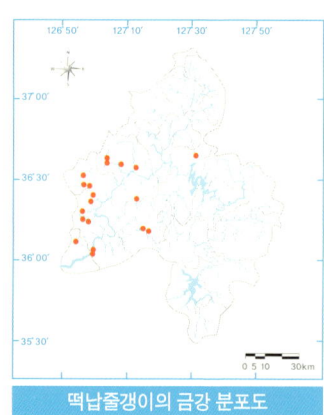

떡납줄갱이의 금강 분포도

Rhodeus notatus   Nichols

떡납줄갱이

떡납줄갱이(우)

떡납줄갱이

떡납줄갱이 서식지 ‖ 충남 공주군 노성천

납자루 *Acheilognathus lanceolatus* (Temminck and Schlegel)

납자루 ♂

영어명 : slender bitterling   전장 : 70~100mm

형태 및 몸색 ● 몸은 옆으로 납작하고, 체고는 비교적 낮은 편이다. 입수염은 1쌍인데, 눈 지름보다 조금 길다. 몸 측면에 암점은 나타나지 않는다. 몸통 중앙의 후반부부터 암청색의 줄무늬가 미병부까지 이어지며, 등지느러미와 뒷지느러미의 가장자리는 선홍색이다. 산란기에 수컷은 가슴 부위가 붉어지고 등 쪽의 청록색 광택이 현저해지는 혼인색이 나타난다.

생태 ● 다른 납자루아과 어류에 비하여 비교적 유속이 빠른 지역에 서식한다. 식성은 잡식성으로 알려져있다. 산란기는 4~6월이며 이매패의 아가미 안에 산란한다. 만 1년에 전장 60~70mm, 2년에 100mm까지 성장한다.

분포 ● 우리나라 서해와 남해로 유입하는 하천에 분포하며, 일본에도 서식하고 있다. 금강 수계에는 영동, 옥천, 보은, 대전, 천안, 연기, 공주, 청양, 부여, 논산, 익산 등에 서식한다.

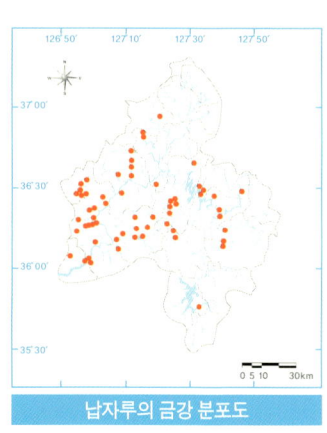

납자루의 금강 분포도

Acheilognathus lanceolatus (Temminck and Schlegel) 납자루

납자루(♀)

납자루

납자루 서식지 ‖ 충남 논산시 논산천

칼납자루 *Acheilognathus koreensis* Kim and Kim

칼납자루 ♂

영어명 : oily bitterling   전장 : 50~80mm

형태 및 몸색 ● 몸은 옆으로 납작하고 체고는 높은 편이다. 입가에는 비교적 긴 수염이 1쌍 있으며, 몸 측면에는 암점이나 반문이 없다. 등 쪽은 암갈색이며, 등지느러미와 뒷지느러미의 기부부터 황갈색과 흑색 띠가 반복된다. 꼬리지느러미는 담황색이다. 수컷의 혼인색은 몸통의 녹갈색이 진해지고 가슴 부위와 미병부는 황색빛이 현저해지며, 등지느러미와 뒷지느러미의 무늬도 선명해진다.

생태 ● 유속이 완만한 하천에 서식하며 수초가 많고 큰 돌이 있는 곳을 선호한다. 식성은 잡식성으로, 수서곤충이나 부착 조류 등을 먹는다. 산란기는 4~6월경이며, 암컷이 산란관을 이용하여 이매패의 아가미 안에 산란한다. 이매패의 아가미 안에 산란된 칼납자루 알은 난괴를 형성하기도 한다. 알은 모양이 긴 타원형이지만, 칼납자루와 유사 종인 임실납자루의 알은 짧은 타원형이어서 서로 구별된다. 성장은 만 1년에 40~50mm, 2년에 60~70mm, 3년이면 80mm 안팎으로 자란다.

분포 ● 한국 고유종으로, 금강 이남의 서해 유입하천과 남해 유입 하천에 분포한다. 금강 수계에는 장수, 진안, 무주, 금산, 영동, 진천, 대전, 논산 등에 서식한다.

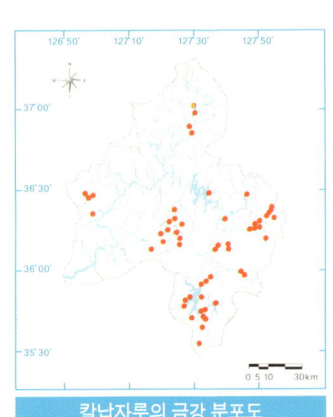

칼납자루의 금강 분포도

Acheilognathus koreensis Kim and Kim 칼납자루

칼납자루

칼납자루 알(네모 안)과 칼납자루(우)

줄납자루

Acheilognathus yamatsutae Mori

줄납자루 ♂

영어명 : Korean striped bitterling

전장 : 60~100mm

형태 및 몸색 ● 몸은 옆으로 납작하지만, 납자루아과 어류 중에서는 체고가 낮은 편이다. 주둥이는 비교적 뾰족하고, 입가에는 1쌍의 수염이 있으며, 옆줄은 완전하다. 등 쪽은 어두운 청록색이다. 아가미 상후단 5~6번째 비늘에 눈 지름 크기만 한 녹청색 반점이 있고, 그 뒤로 미병부 끝까지 녹청색 세로띠가 연결되며, 세로띠의 등 쪽으로 3~4줄의 가늘고 희미한 암색 줄이 나타난다. 등지느러미와 뒷지느러미에는 살을 가로지르는 암색과 백색 띠가 3~4줄 있다.

생태 ● 납자루아과 어류 중에서는 비교적 물 흐름이 빠른 곳에 서식한다. 잡식성이지만 식물성플랑크톤을 주로 먹는다. 산란기는 5~6월이고, 부화 후 18일에 전장이 9~10mm로 자라 후기자어기에 달하면서 조개 밖으로 나와 자유 유영 생활을 시작한다. 암수 모두 약 55mm 이상이 되면 성적으로 성숙하며, 만 1년생이 전장 40~65mm, 만 2년생이 65~90mm이며, 90mm가 넘으면 3년생으로 추측한다. 산란시 선호하는 조개는 말조개와 작은말조개 등이다.

분포 ● 영동 지방과 섬진강을 제외한 우리나라 서남해로 유입되는 대부분의 하천에 서식하며, 한국 고유종이다. 금강 수계에는 진안, 무주, 영동, 청원, 대전, 공주, 논산 등에 서식한다.

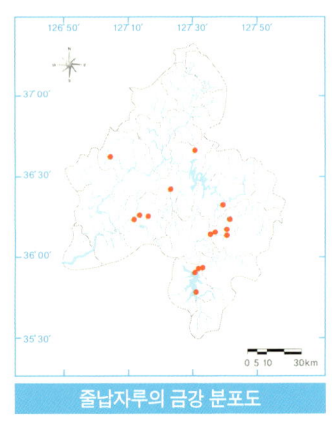

줄납자루의 금강 분포도

Acheilognathus yamatsutae Mori

줄납자루

줄납자루(♀)

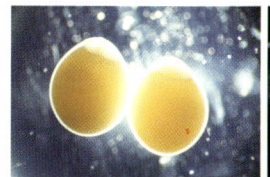

난 발생　　　　　부화 직후　　　후기자어(전장 10mm)

줄납자루(♂)

납지리 *Acheilognathus rhombeus* (Temminck and Schlegel)

납지리 우

영어명 : flat bitterling　　　　　　　　　　　　전장 : 60~100mm

형태 및 몸색 ● 몸은 옆으로 납작하고, 체고는 비교적 높다. 주둥이는 앞으로 돌출되어있고 입수염이 1쌍 있다. 아가미구멍 상단에 암색 반점이 있으며, 체측면 중앙부부터 미병부까지 암청색 세로줄이 나타난다. 등지느러미와 뒷지느러미에는 2줄의 줄무늬가 있으며, 등지느러미의 앞쪽 윗부분은 곡선을 이룬다. 산란기 수컷의 혼인색은 등 쪽의 청록색이 현저해지고 흉복부가 선홍색을 띠며 가슴지느러미를 제외한 모든 지느러미 역시 선홍색이 진해진다.

생태 ● 유속이 완만한 하천 중하류, 저수지, 호수 등에 서식하며 초식성이다. 산란은 이매패의 아가미에 하고, 추계 산란형으로 산란기는 8~10월이다. 만 1년에 60~70mm, 만 2년에 100mm 안팎으로 자란다.

분포 ● 동해로 흘러드는 하천을 제외한 우리나라 대부분의 하천에 서식한다. 금강 수계에는 영동, 옥천, 대전, 청원, 공주, 부여, 논산 등에 서식한다.

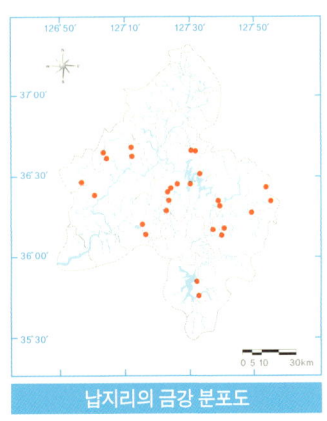

납지리의 금강 분포도

 # 구량천

구량천은 금강 상류에 위치해 있는 지방 2급 하천이다. 전북 무주군 안성면 덕산리의 덕유산 서쪽 사면에서 발원하여 진안군 진안읍의 죽도에서 금강 본류인 용담댐으로 유입된다. 유로 연장은 34.21km이고, 천반산(646.7m)과 지산(875.8m) 사이의 협곡을 흐른다. 무주군 안성면에서 통안천(7.21km)과 명천(11.68km), 진안군 동향면에서 양악천(15.90km) 등이 합류한다.

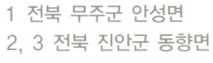

1 전북 무주군 안성면
2, 3 전북 진안군 동향면

큰납지리 *Acanthorhodeus macropterus* Bleeker

큰납지리 ♂

영어명 : deep body bitterling   전장 : 60~150mm

형태 및 몸색 ● 몸은 옆으로 납작하고 체고가 높다. 주둥이는 약간 돌출되어있으며, 입은 작고 말굽 모양이다. 입가에는 아주 작은 수염이 1쌍 있다. 몸색은 등쪽이 연한 녹갈색이며 은빛 광택을 낸다. 아가미구멍 상단에 동공 크기만 한 암색 점이 있고, 아가미구멍 후단 3~4번째 비늘에도 암색 반점이 나타난다. 체측면에 청록색 줄무늬가 희미하게 나타나는데, 고정된 표본에서는 매우 선명하다. 등지느러미와 뒷지느러미에 2~3줄의 줄무늬가 나타난다. 등지느러미의 기조수는 3극조 15~17연조이다.

생태 ● 유속이 완만한 하천이나 저수지 등에 서식한다. 식성은 잡식성이고, 산란기는 4~6월경으로 역시 민물에 사는 이매패의 아가미에 산란한다. 성장은 만 1년생이 60~65mm, 2년생이 76mm, 3년생은 95mm까지 성장한다.

분포 ● 동해 유입 하천을 제외한 전국의 하천, 저수지, 호수 등에 서식하며 중국에도 분포하고 있다. 금강 수계에는 옥천, 보은, 부여, 익산 등에 서식한다.

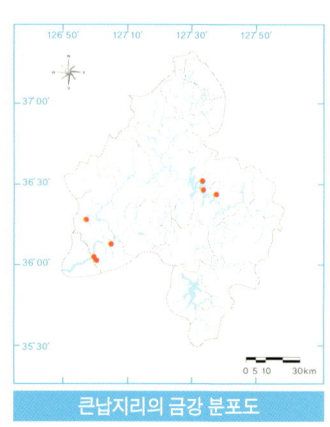

큰납지리의 금강 분포도

Acanthorhodeus macropterus Bleeker 큰납지리

산란기의 큰납지리(우)

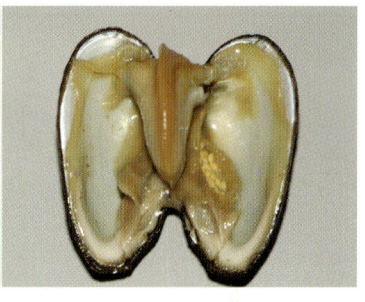

말조개 속 큰납지리 자어

큰납지리 서식지 ‖ 충남 부여군

가시납지리

Acanthorhodeus gracilis Regan

가시납지리 ♂

영어명 : Korean spined bitterling

전장 : 50~80mm

형태 및 몸색 ● 몸은 납작하고, 체고는 비교적 높은 편이다. 머리는 작은 편이고, 위턱이 아래턱보다 돌출되어있어 입이 주둥이 아래쪽에 위치하며, 입수염은 없다. 등지느러미와 뒷지느러미에는 2~3줄의 줄무늬가 있다. 등 쪽은 청록색이다. 아가미구멍 후단에 불명료한 암점이 나타나고, 등지느러미 기점 아래 체측 중앙부부터 미병부까지 암색 선이 있다. 산란기에 수컷의 혼인색은 은빛 금속 광택이 현저하고, 몸 측면에 보랏빛이 나타난다. 이에 더해 배지느러미와 뒷지느러미에 흰색 띠가 뚜렷해지고, 등지느러미와 뒷지느러미의 말단은 흑색 띠가 선명해진다. 등지느러미는 3극조 12~13연조이다.

생태 ● 비교적 유속이 완만한 하천 중하류에 주로 서식하며, 생활사나 습성은 알려진 것이 별로 없다.

분포 ● 한국 고유종이며 서해와 남해로 유입되는 여러 하천에 분포한다. 금강 수계에는 진안, 상주, 천안, 공주, 부여, 익산, 서천 등에 서식한다.

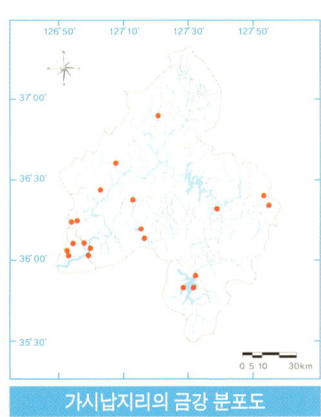

가시납지리의 금강 분포도

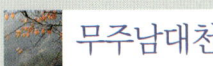

무주남대천

무주남대천은 전북 무주군 무풍면 덕지리의 덕유산 북사면에서 발원하여 금평천, 원당천, 용화천, 상곡천 등과 합류한 후 무주읍 대차리에서 금강 본류로 합류한다. 유로 연장은 52.10km이며 지방 1급 하천이다. 강의 상류는 덕유산국립공원에 속해 있으며, 자연경관이 빼어난 무주구천동이 위치하고 있다.

1	
2	

1 무주구천동
2 전북 무주군 설천면

참붕어

Pseudorasbora parva (Temminck and Schlegel)

참붕어

영어명 : false dace

전장 : 50~80mm

형태 및 몸색 ● 몸은 길고 옆으로 조금 납작하다. 주둥이는 앞으로 돌출되어있고, 아래턱이 위턱보다 조금 길며, 입은 일자형으로 작고 위를 향한다. 옆줄은 완전하며 일직선이다. 몸색은 등 쪽이 회녹색이고, 어린 개체는 체측 중앙에 흑색 세로띠가 현저하지만 자라면서 희미해진다. 산란기에 수컷은 몸 전체가 검어진다.

생태 ● 하천, 호수, 저수지, 늪 등의 얕은 곳이나 농수로에 작은 떼를 이루며 서식한다. 식성은 잡식성으로 수서곤충과 부착 조류 등을 먹는다. 산란기는 5~6월로, 수컷이 큰 돌 밑면으로 암컷을 유인하여 산란한다. 산란 수는 약 1500개 가량이며, 산란 후에 수컷이 알 주변을 떠나지 않고 보호한다. 만 1년이면 전장이 45~55mm로 자라 암수 모두 성숙한다.

분포 ● 우리나라 전역의 민물에 서식하며, 중국, 대만, 일본 등에도 분포한다. 금강 수계에는 상류를 제외한 거의 전역에 서식하고 있다.

참고 ● 참붕어는 민물고기 중에서도 간디스토마의 피낭 유충을 특히 많이 보유하고 있는 것으로 알려져있다. 간디스토마의 제1중간숙주는 쇠우렁이이고, 제2중간숙주는 민물고기이다. 민물고기를 날로 먹으면 간디스토마뿐만 아니라 장흡충 등 여러가지 기생충에 감염될 수 있다.

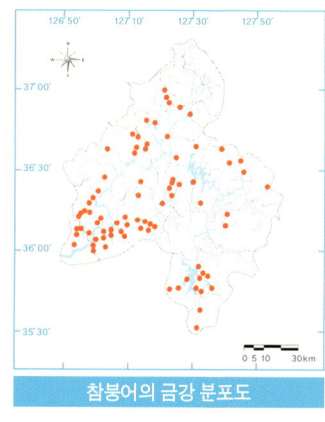

참붕어의 금강 분포도

Pseudopungtungia nigra Mori

감돌고기

감돌고기

감돌고기 미성어

감돌고기 서식지 ‖ 전북 진안군

쉬리

잉어목 | 잉어과 | 모래무지아과
Coreoleuciscus splendidus Mori

쉬리

영어명 : Korean shinner   전장 : 100~120mm

형태 및 몸색 ● 몸은 약간 납작한 긴 원통형이다. 머리는 길고, 주둥이는 뾰족하며, 반원형의 작은 입은 주둥이 아래쪽에 있다. 등 쪽은 암녹색이고, 흑남·보라·주황·노랑·은백색의 세로띠가 등 쪽에서 배 쪽으로 배열되어있다. 주둥이 끝에서 눈을 지나 아가미덮개까지 흑색 띠가 있다. 모든 지느러미에는 살을 가로지르는 2줄 내외의 흑색 줄무늬가 있다.

생태 ● 큰 돌과 자갈이 깔린 하천 중상류의 물살이 빠른 여울에 서식한다. 수서곤충을 주로 먹는다. 산란기는 4~5월경이며 수온이 15℃에 이르는 5월 초가 산란 성기이다. 암수 모두 55mm 넘게 자라면 성적으로 성숙하고, 포란 수는 평균 1132개이다. 알은 회백색으로 불투명하고 점착성이 강하다. 수정란은 지름이 약 2.24mm이고, 수정 후 4일 만에 전장 약 5mm의 자어가 부화되며, 7일이면 6mm, 16일이면 9mm 넘게 자란다. 만 1년생은 전장 45~70mm, 2년생은 70~90mm, 3년생은 90mm 이상으로 성장한다.

분포 ● 동해 유입 하천을 제외한 우리나라 전역에 분포하는, 한국 고유종이다. 강원도 삼척시 오십천과 경북 울진군 왕피천에도 서식한다. 금강 수계에는 장수, 진안, 무주, 영동, 옥천, 보은, 대전, 공주, 부여 등에 서식한다.

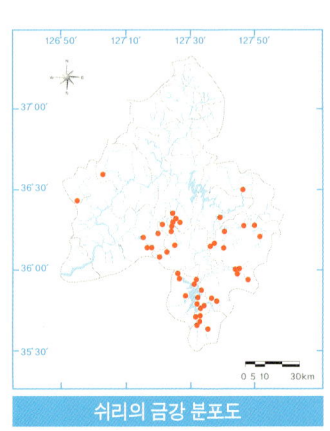

쉬리의 금강 분포도

쉬리

Coreoleuciscus splendidus Mori

알 표면 전자현미경 사진(800배)

산란장의 쉬리 알

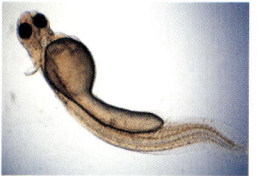

부화 직후

쉬리

쉬리 서식지 ‖ 전북 장수군

참중고기

잉어목 | 잉어과 | 모래무지아과
Sarcocheilichthys variegatus wakiyae Mori

참중고기 ♀

영어명 : oily shinner   전장 : 80~120mm

형태 및 몸색 ● 몸은 길고 옆으로 약간 납작하다. 주둥이 끝은 둥글고 말굽 모양의 작은 입은 주둥이 아래 있으며 아래턱이 위턱보다 짧다. 미세한 입수염이 1쌍 있다. 옆줄은 거의 일직선이지만 전반부는 약간 배 쪽으로 휘어있다. 등 쪽은 녹갈색이고, 몸 중앙부에는 넓은 흑색 세로띠와 불규칙한 모양의 흑색 무늬가 있다. 등지느러미 중앙에는 살을 가로지르는 흑색 띠가 있으며 다른 지느러미에는 반점이 없다. 암컷에게는 산란관이 있다.

생태 ● 하천의 중류역에 서식하며, 수서동물 등을 주로 먹는다. 산란기는 4~6월이고, 암컷이 긴 산란관을 이용하여 대칭이, 펄조개 등의 체강에 알을 낳는다. 알은 황갈색으로 반투명하고, 난황은 2.4~2.6mm이며 물을 흡수한 알의 직경은 3.0~4.0mm로 크다. 조개의 체강 내에서 난황을 흡수하고, 자유 유영기에 달하면 조개 밖으로 나와 생활한다. 성장은 만 1년생이 50mm 내외, 2년생이 80mm, 3년생이 100mm에 달한다.

분포 ● 서해와 남해로 유입하는 하천에 분포한다. 한국 고유 아종이다. 금강 수계에는 진안, 영동, 옥천, 논산 등에 서식한다.

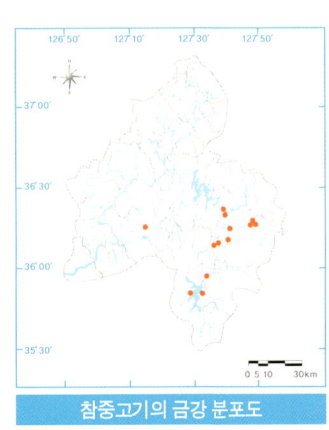

참중고기의 금강 분포도

Sarcocheilichthys variegatus wakiyae Mori 참중고기

참중고기(♂)의 추성

참중고기(♂)

참중고기(♀)

중고기 *Sarcocheilichthys nigripinnis morii* Jordan and Hubbs

중고기 ♀

영어명 : Korean oil shinner   전장 : 100~120mm

형태 및 몸색 ● 몸은 길고 옆으로 약간 납작하다. 주둥이 끝은 둔하고 둥글며, 위턱이 아래턱보다 길다. 입은 말굽 모양으로 주둥이 아래 있다. 체측에는 불규칙한 암색 반문이 산재하고, 중앙을 따라 희미한 흑색 세로줄이 있는데, 어린 개체는 이것이 매우 선명하다. 등지느러미의 외연과 기저부에 흑색 반점이 있으며 꼬리지느러미의 상엽과 하엽에도 흑색 세로줄이 있어 참중고기와 구별된다.

생태 ● 하천의 중류나 댐호 등에 서식한다. 소형 수서동물을 먹는 육식성이다. 산란기는 5~6월이며, 석패과 패류의 체강에 산란관을 이용하여 알을 낳는다. 알은 황갈색이고 난황은 약 2.0mm이며 물을 흡수한 알의 직경은 3.1~3.8mm이다. 이매패의 체강에서 발생하며, 난황을 완전히 흡수하고 자유 유영기에 달하면 밖으로 빠져나와 생활한다. 만 1년생이 45~55mm, 2년생이 70~80mm, 3년 이상이면 100mm 넘게 성장한다.

분포 ● 서해와 남해로 유입하는 하천에 서식하는 한국 고유 아종이다. 금강 수계에는 진안, 금산, 영동, 옥천, 청원, 진천, 공주, 부여, 논산 등에 서식한다.

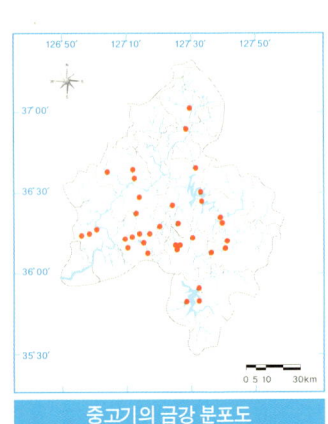

중고기의 금강 분포도

Sarcocheilichthys nigripinnis morii Jordan and Hubbs 중고기

중고기(♂)

중고기(♀)

펄조개 체강 속의 중고기 알

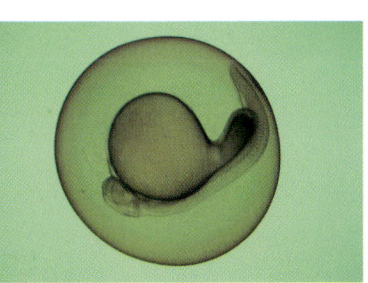

난 발생

줄몰개

Gnathopogon strigatus (Regan)

줄몰개

영어명 : striped false gudgeon

전장 : 80~90mm

형태 및 몸색 ● 몸은 옆으로 조금 납작하고 긴 타원형이다. 위턱과 아래턱은 길이가 같고, 작은 입수염이 1쌍 있다. 옆줄은 완전하며 직선형이다. 몸색은 등 쪽이 암녹색, 배 쪽이 담녹색이다. 체측 중앙에는 주둥이부터 미병부 끝까지 이어지는 폭이 넓은 암색 세로띠가 1줄 있으며, 이 띠를 중심으로 등과 배 쪽에 모두 8~9개의 가는 세로줄이 있다.

생태 ● 하천 중류의 유속이 느리고 모래나 진흙이 깔린 곳에 서식한다. 주로 동물성플랑크톤이나 수서곤충 등을 먹는 육식성이다. 생태에 관해서는 알려진 것이 별로 없다. 성장은 만 1년생이 전장 56mm, 2년생이 80~90mm 정도이며, 2년이면 성숙하는 것으로 추정하고 있다.

분포 ● 서해와 남해로 흐르는 하천에 서식한다. 국외에는 중국에 분포한다. 금강 수계에는 보은, 대전, 청원, 연기, 공주 등에 서식한다.

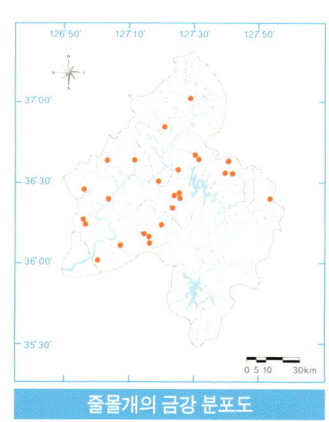

줄몰개의 금강 분포도

초강

초강은 충북 영동군 상촌면 물한리 석기봉(1242.0m)과 삼도봉 사이의 북쪽 계곡에서 발원하여 충북 영동군 심천면 심천리에서 금강에 합류하는 유로 연장 66.30km의 지방 1급 하천이다. 궁촌천(하천연장 11.50km), 어촌천(9.22km), 추풍령천(13.00km) 등이 초강 본류로 합류하고, 경북 상주시 모동면에서 흘러 내려오는 석천(24.61km)이 영동군 황간면 원촌리에서 초강과 만나며, 용산면에서 법화천(10.53km)이 합류한다.

1	2
3	4

1 충북 영동군 황간면
2 충북 영동군 황간면 석천
3, 4 충북 영동군 용산면

긴몰개 *Squalidus gracilis majimae* (Jordan and Hubbs)

긴몰개

영어명 : Korean slender gudgeon   전장 : 70~80mm

형태 및 몸색 ● 몸은 길고 옆으로 약간 납작하다. 눈은 비교적 크고, 위턱이 아래턱보다 조금 길며, 1쌍의 입수염은 길이가 눈 지름과 유사하다. 옆줄은 완전하며 거의 일직선이고, 비늘은 큰 편이다. 몸색은 등 쪽이 담녹색, 배 쪽이 은백색이다. 체측 중앙부에는 희미한 암색 세로줄이 있고, 머리와 등 쪽에는 불규칙한 모양의 작은 흑점들이 산재한다.

생태 ● 유속이 완만하고 수초가 많은 하천의 중류나 하류, 댐호, 저수지 등에 서식한다. 수서곤충 같은 소형 수서동물을 먹는다. 산란기는 5~6월이며, 수초에 알을 붙인다. 알은 점착성이 있고, 크기가 1.0×0.8mm로 약간 납작하며 반투명한 담황색을 띤다. 부화 직후의 자어는 전장이 약 3.3mm이고, 4.7mm쯤 되면 난황을 흡수하고, 13.5mm쯤이면 치어기에 이른다. 전장이 약 27mm에 이르면 성어와 유사해진다. 만 1년생이 전장 40mm 내외이고, 만 3년이면 80mm를 넘는다.

분포 ● 서해와 남해로 흘러드는 하천에 분포하는 한국 고유 아종이다. 금강 수계에는 장수, 진안, 보은, 공주, 부여 등에 서식한다.

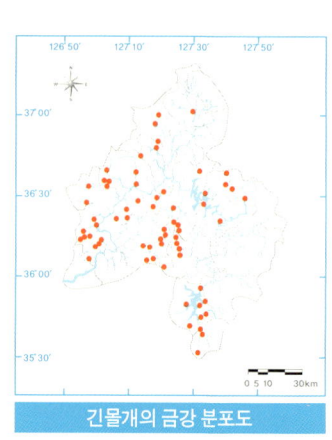

긴몰개의 금강 분포도

Squalidus gracilis majimae (Jordan and Hubbs) 긴몰개

긴몰개

긴몰개 서식지 ‖ 충북 보은군 보청천

몰개

Squalidus japonicus coreanus (Berg)

몰개

영어명 : short barbel gudgeon

전장 : 80~100mm

형태 및 몸색 ● 몸은 길고, 체고가 조금 높은 편이다. 눈은 비교적 크고, 1쌍의 입 수염은 그 길이가 눈 지름의 반에 미치지 못한다. 옆줄은 완전하며, 전반부는 약간 아래로 휘어있다. 몸색은 전체적으로 광택이 나는 은백색이지만 등 쪽은 약간 어두운 빛이다. 체측 중앙 약간 위쪽으로 세로줄무늬가 있으나 흑색 반점은 없다.

생태 ● 하천 중하류나 댐호 등 유속이 완만한 곳에 떼를 지어 서식한다. 식성은 잡식성으로 수서동물, 식물 조각, 기타 유기물질 들을 먹는다. 산란기는 5~6월로 추정되며, 생활사에 관해서는 자세히 밝혀지지 않았다. 전장 15.0mm에 각 지느러미가 완성되면서 치어기에 달하고, 32.5mm에 이르면 성어와 유사해지며, 당년 가을이면 15~50mm까지 성장한다. 성장은 만 1년생이 전장 40mm 내외, 만 2년생이 60mm 내외에 달하고, 만 3년이면 80~90mm 까지 자라는 것으로 추정하고 있다.

분포 ● 한강, 금강, 만경강, 동진강, 영산강, 낙 동강 등에 분포하는 한국 고유 아종이다. 금강 수계에는 장수, 연기, 공주, 논산, 익산 등에 서식한다.

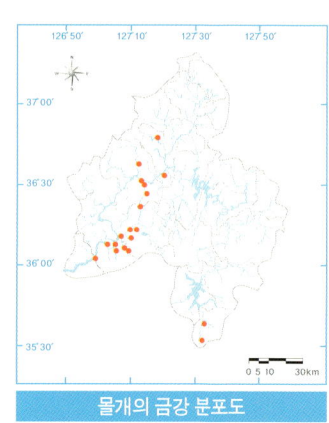

몰개의 금강 분포도

몰개속 어류의 동정

_긴몰개 *Squalidus gracilis majimae*

옆줄은 거의 일직선이다.

1쌍의 입수염은 눈 지름과 거의 같다.

체측 중앙을 따라 폭넓고 희미한 암색 띠가 이어진다.

_몰개 *Squalidus japonicus coreanus*

옆줄의 전반부는 아래쪽으로 약간 휘어있다.

1쌍의 입수염은 짧아서 눈 지름의 반에 미치지 못한다.

체측 중앙을 따라 암색 반점이 없다.

_참몰개 *Squalidus chankaensis tsuchigae*

옆줄의 전반부는 아래쪽으로 약간 휘어있다.

1쌍의 입수염은 길어서 눈 지름과 거의 같다.

_점몰개 *Squalidus multimaculatus*

옆줄의 전반부는 아래쪽으로 약간 휘어있다.

1쌍의 입수염은 눈 지름과 같거나 약간 짧다.

체측 중앙을 따라 8~12개의 둥근 암색 반점이 배열된다.

점몰개, 경주 형산강

참몰개 *Squalidus chankaensis tsuchigae* (Jordan and Hubbs)

참몰개

영어명 : Korean gudgeon   전장 : 80~100mm

형태 및 몸색 ● 몸은 길고 약간 납작하다. 눈은 크고, 1쌍의 입수염은 눈 지름보다 길다. 옆줄은 완전한데, 전반부가 아래로 약간 휘어있다. 몸색은 광택이 나는 은백색이며 등 쪽은 약간 어두운 색이다. 옆줄을 중심으로 검은색 선이 2열로 나타난다.

생태 ● 하천의 중류나 댐호 등지에서 수심이 낮고 수초가 많은 곳에 서식한다. 떼를 지어 표층이나 중층을 유영하며, 수서동물, 식물질, 부유 유기물 등을 먹는 잡식성이다. 산란기는 5~6월로 추정되며, 생활사는 잘 알려져있지 않다. 성장은 만 1년생이 전장 40~50mm, 만 2년생이 60~70mm이고, 만 3년이면 100mm 이상 자라는 것으로 보인다.

분포 ● 한강, 금강, 동진강, 섬진강, 낙동강 수계 등 우리나라 서해와 남해로 유입하는 하천에 분포하는 한국 고유 아종이다. 금강 수계에는 옥천, 보은, 천안, 진천 등에 서식한다.

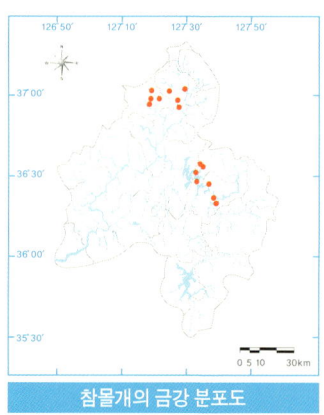

참몰개의 금강 분포도

Squalidus chankaensis tsuchigae (Jordan and Hubbs) 참몰개

참몰개

참몰개 서식지 ‖ 대청호

누치

Hemibarbus labeo (Pallas)

누치

영어명 : steed barbel　　　　　　　　　　전장 : 200~500mm

형태 및 몸색 ● 몸은 길고, 옆으로 약간 납작하며, 몸통은 원통형에 가깝다. 머리
는 길고, 주둥이는 뾰족하다. 입은 아래쪽을 향하고, 입 주변에 수염이 1쌍 있다.
옆줄은 완전하고 거의 직선형이다. 몸색은 등 쪽이 담갈색이고 배 쪽은 담백색이
다. 어린 개체는 체측 중앙에 7~10개의 암점이 세로로 배열되어있지만, 이것
은 성장하면서 없어진다.

생태 ● 하천 중류나 댐호 등에 주로 서식하면서 수서곤충, 실지렁이 같은 수서동
물과 부착 조류 등을 먹는다. 산란기는 5월경으로 추정되고 알의 크기는
3.0~3.2mm이다. 난각은 반투명하며 난황은 담갈색이다. 수정 후 3~4일 만에
부화하며, 부화 자어의 크기는 7~8mm이다.
성장은 만 1년생이 전장 60~80mm, 만 2년생
이 110~130mm이고, 만 3년이면 170mm 이
상 성장하며, 최대 500mm까지 자란다.

분포 ● 서해와 남해로 유입되는 하천에 서식
하며, 국외에는 중국, 일본, 베트남 등에 분포
한다. 금강 수계에는 옥천, 보은, 대전, 청원,
공주, 논산 등에 서식한다.

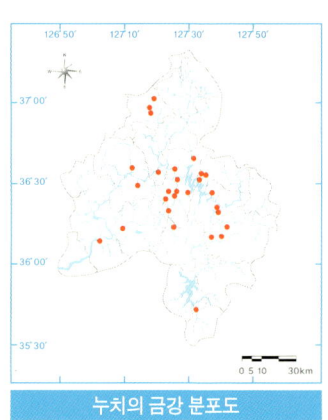

누치의 금강 분포도

Hemibarbus labeo (Pallas)

누치

누치(전장 450mm)

누치 서식지 ‖ 충남 연기군 금남면

참마자

Hemibarbus longirostris (Regan)

참마자

영어명 : long nose barbel

전장 : 150~180mm

형태 및 몸색 ● 몸은 길고 옆으로 약간 납작하며, 몸통은 원통형에 가깝다. 머리는 길고, 주둥이는 뾰족하며, 입은 주둥이 아래쪽에 위치해 있다. 입수염이 1쌍 있다. 등 쪽은 담갈색, 배 쪽은 은백색이며, 체측면에는 8개 안팎의 암점이 세로로 배열되어있다. 배 쪽을 제외한 몸 전체와 등지느러미, 꼬리지느러미에는 작고 검은 점이 산재한다.

생태 ● 하천 중류 또는 중상류의 모래나 자갈이 깔린 맑은 물에 서식한다. 수서동물과 부착 조류 등을 먹는다. 산란기는 5~6월이고, 부화 직후의 자어는 전장이 약 5.8mm이다. 전장이 약 15mm에 이르면 모든 지느러미가 완성되어 치어기에 이르고, 당년 가을까지 약 50mm 내외로 성장한다. 만 1년생은 전장 80~100mm, 만 2년생은 약 120mm 내외, 만 3년생은 약 150mm까지 성장한다.

분포 ● 우리나라의 서해와 남해로 흘러드는 하천에 분포한다. 국외에는 중국과 일본에 분포하고 있다. 금강 수계에는 장수, 진안, 무주, 영동, 옥천, 청원 등에 서식한다.

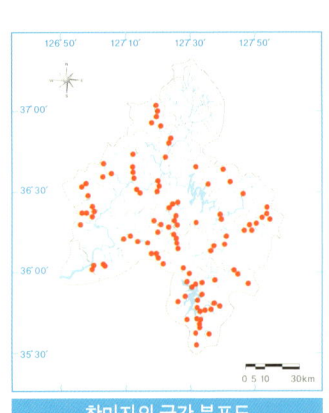

참마자의 금강 분포도

Hemibarbus longirostris (Regan)

참마자

참마자 머리 부분

참마자

어름치

잉어목 | 잉어과 | 모래무지아과
Hemibarbus mylodon (Berg)

어름치

영어명 : Korean spotted barbel   전장 : 200~350mm

형태 및 몸색 ● 몸은 길고 체고는 높은 편이다. 주둥이는 길고 입 가장자리에 수염이 1쌍 있다. 몸색은 담갈색이고, 몸 측면에 7~8개의 흑색 줄이 나타나며 중앙에는 둥근 흑색 반점이 희미하게 열 지어 나있다. 등지느러미, 뒷지느러미, 꼬리지느러미에도 3~4줄의 흑색 줄무늬가 있다.

생태 ● 하천 중상류의 유량이 풍부한 지역에 서식하며, 먹이는 수서곤충 등을 주로 먹는다. 산란기는 수온이 15~18℃에 이르는 4월 말에서 5월 중순경이다. 산란탑은 유속이 비교적 빠르고 수심이 40~60cm쯤 되는 자갈이 깔린 하상에 만드는데, 바닥을 파서 산란한 다음 주위에 있는 잔자갈을 운반하여 그 위를 덮는다. 완성된 산란탑의 규모는 직경 25~50cm, 높이는 6~12cm 정도이다. 만 1년생은 전장 60~90mm, 2년생은 140~160mm, 3년생은 200~250mm에 이른다.

분포 ● 임진강, 한강, 금강의 중상류 지역에 서식하는 한국 고유종으로, 천연기념물 259호로 지정되어 보호받고 있다. 충북 옥천군 이원면부터 금강 상류에 이르는 서식지는 천연기념물 238호로 지정되었으나, 1980년대 이후 금강에서는 채집 기록이 없다.

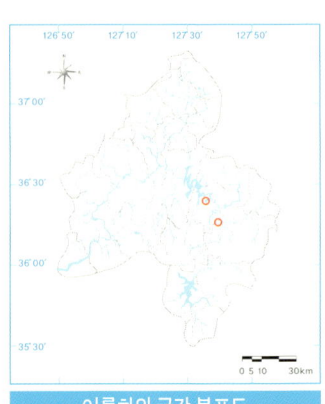

어름치의 금강 분포도

Hemibarbus mylodon (Berg)

어름치

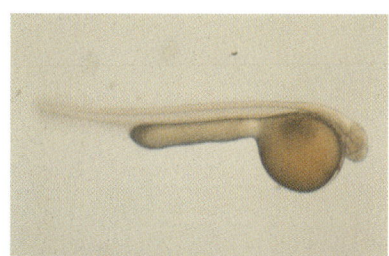

어름치 부화 자어

만 1년생(전장 65mm) 어름치

어름치 산란탑

어름치

모래무지 *Pseudogobio esocinus* (Temminck and Schlegel)

모래무지

영어명 : goby minnow   전장 : 100~200mm

형태 및 몸색 ● 몸은 길고 원통형이며, 뒤쪽으로 갈수록 가늘어진다. 머리는 길고 주둥이는 돌출되었으며, 주둥이 아래쪽에 위치한 입은 반원형이다. 위아래 입술은 피질돌기로 덮여있고 입수염이 1쌍 있다. 옆줄은 완전하고 직선형이다. 등쪽은 갈색이고, 몸의 측면에는 6~7개의 암색 반점이 세로로 배열되어있으며 몸 전체에 작은 흑색 반점이 산재한다. 등지느러미, 가슴지느러미, 배지느러미, 꼬리지느러미에도 점으로 이루어진 줄이 나타난다.

생태 ● 하천 중류의 모래 바닥에 주로 서식하는데, 모래 속에 곧잘 숨는다. 모래와 함께 소형 수서동물을 흡입하여 걸러 먹는다. 산란기는 5~6월이며, 전장이 11.5mm쯤 되면 치어기에 이르고, 30mm 안팎이면 성어와 같은 형태가 된다. 성장은 만 1년생이 전장 60~70mm, 2년생이 110mm 내외, 3년생이 135~150mm이다.

분포 ● 서해와 남해로 유입하는 하천에 널리 분포한다. 국외에는 중국, 일본에 분포한다. 금강 수계에는 거의 전역에 분포하고 있다.

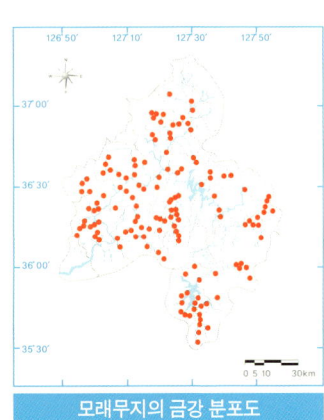

모래무지의 금강 분포도

Pseudogobio esocinus (Temminck and Schlegel)

모래무지

모래무지

모래무지 머리 부분

모래 속으로 파고드는 모래무지

모래 속에 몸을 숨긴 모래무지

버들매치

Abbottina rivularis (Basilewsky)

버들매치

영어명 : Chinese false gudgeon   전장 : 80~100mm

형태 및 몸색 ● 몸은 길고 몸통은 원통형인데, 뒤쪽으로 가면서 가늘어진다. 머리는 크지만 주둥이는 비교적 짧은 편이다. 입은 반원형이고 아래쪽을 향하며, 입술은 두껍지만 피질 돌기가 없다. 입가에는 입수염이 1쌍 있다. 등 쪽은 갈색이고, 배 쪽을 제외한 몸 전체에 흑색 반점이 산재한다. 체측 중앙에는 8~9개의 암색 반점이 세로로 배열되어있다. 가슴지느러미, 등지느러미, 배지느러미, 꼬리지느러미에는 흑색 반점이 열 지어있다.

생태 ● 유속이 느리고 모래와 진흙이 깔린 하천 중하류 또는 저수지 등에 서식한다. 수서동물, 동물성플랑크톤, 식물질 등을 먹는 잡식성이다. 산란기는 4~6월이며 5월이 산란 성기이다. 물살이 느린 곳에 산란장을 만들고 암컷을 불러들여 산란한다. 산란 후 수컷은 난과 자어를 보호한다. 만 1년이 되면 수컷은 80~90mm, 암컷은 70~80mm에 이르며, 만 2년이면 대부분 성어가 된다.

분포 ● 서해와 남해로 흘러드는 하천에 분포한다. 국외에는 중국, 일본에 서식하고 있다. 금강에서는 그 수가 점점 줄어들어 최근에는 진천에서만 출현이 보고되었다.

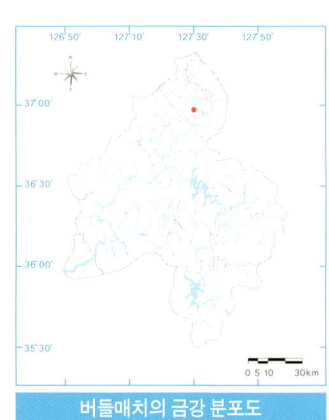

버들매치의 금강 분포도

Abbottina rivularis (Basilewsky)

버들매치

버들매치

버들매치 주둥이 부분

버들매치 서식지 ‖충북 진천군 미호천

왜매치 *Abbottina springeri* Banarescu and Nalbant

왜매치

영어명 : Korean dwarf gudgeon   전장 : 55~75mm

형태 및 몸색 ● 몸은 가늘고 긴 원통형이고, 미병부는 옆으로 납작하다. 머리는 작고 주둥이는 짧으며 뭉뚝하다. 입은 주둥이 아래쪽에 있는데, 반원형의 두꺼운 윗입술은 피질 돌기가 없고 눈 지름보다 짧은 입수염이 1쌍 있다. 옆줄은 직선형으로 완전하며 전반부는 아래로 약간 휘어있다. 등 쪽은 갈색이며 작고 검은 점이 산재한다. 옆줄을 따라 7~8개의 희미한 반점이 나타나며, 가슴지느러미, 등지느러미, 꼬리지느러미에는 작은 흑색 점들이 흩어져있다.

생태 ● 바닥이 진흙이나 모래 등으로 이루어진 하천 중하류의 소에 떼를 지어 서식한다. 주로 부착 조류를 섭식하지만 하절기에는 원생동물과 수서곤충을 먹기도 한다. 산란기는 5~6월로 수온이 20~25℃인 6월이 성기이다. 전장이 55mm가 넘는 만 2년생부터 생식에 참여하며, 암컷의 포란수는 620~694개이다. 만 1년생은 전장 30~50mm, 2년생은 50~65mm이며, 65mm 이상은 만 3년생이다.

분포 ● 한국 고유종으로, 동해로 유입하는 하천을 제외한 우리나라 서남부 하천의 중하류에 분포한다. 금강 수계에는 진안, 진천, 공주, 청양, 부여, 논산 등에 서식한다.

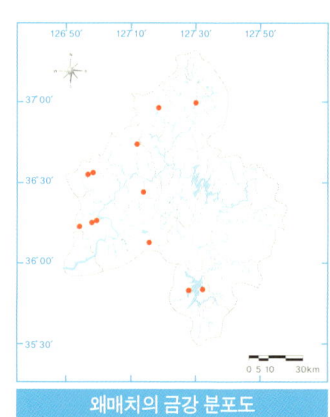

왜매치의 금강 분포도

Abbottina springeri Banarescu and Nalbant 왜매치

왜매치

왜매치 주둥이 부분

왜매치 서식지 ‖ 충북 진천군 미호천

꾸구리

잉어목 | 잉어과 | 모래무지아과
Gobiobotia macrocephala Mori

꾸구리

전장 : 60~100mm

형태 및 몸색 ● 몸은 긴데, 앞쪽은 굵은 반원형이고 뒤쪽은 가늘다. 머리 아랫면과 복면은 편평하다. 입은 주둥이 아래쪽에 있으며 반원형이고 4쌍의 입수염이 있다. 눈에는 피막이 있어 위아래로 길게 보인다. 몸색은 황갈색이며, 등지느러미와 꼬리지느러미 사이에 3개의 암색 가로무늬가 현저하다. 몸 표면에 작은 암색 반점이 흩어져있고, 각 지느러미에도 검은 점이 산재한다.

생태 ● 하천 중상류의 자갈이 깔리고 물살이 빠른 여울에 서식하며, 수서곤충을 주식으로 한다. 빛의 강약에 따라 눈의 피막을 조절한다. 산란기는 수온이 18~21℃ 범위인 5~6월이며, 자갈이 깔린 여울 하단부에서 자갈 아래 산란한다. 포란 수는 1200~1300개이고, 부화 후 약 30일에 전장 15mm에 달하며 성어와 같은 형태를 갖춘다. 만 1년생이 전장 50~60mm, 2년생이 80~90mm이며, 100mm가 넘는 개체는 만 3년생 이상이다. 서식지 상실 등으로 금강에서는 희귀종에 속한다.

분포 ● 한강, 임진강, 금강에 분포하는 한국 고유종이다. 멸종위기야생동 · 식물 Ⅱ급이다. 금강 수계에는 영동군에 제한적으로 서식하고 있다.

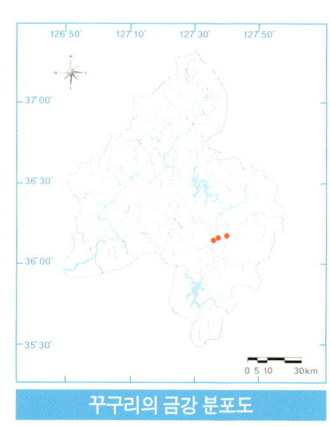

꾸구리의 금강 분포도

꾸구리

밝은 곳에서 눈의 피막을 닫은 꾸구리

꾸구리 서식지 ‖ 충북 영동군

돌상어

돌상어

전장 : 80~120mm

형태 및 몸색 ● 몸은 길고 몸통은 굵은 반원형이며 미병부로 갈수록 옆으로 납작해진다. 머리는 위아래로 납작하고, 주둥이는 돌출되었으며, 아래턱이 위턱보다 짧다. 입은 주둥이 아래쪽에 위치하고, 짧은 입수염이 4쌍 있다. 옆줄은 완전하다. 머리 아랫면과 복부는 편평하다. 몸색은 황갈색이며, 체측에는 8~10개의 폭이 넓은 암갈색 가로무늬가 있고, 머리에는 눈을 지나는 가느다란 암색 세로줄이 있다.

생태 ● 물이 맑은 하천 중상류의 유속이 빠르고 바닥에 큰 돌과 자갈이 깔린 곳에 서식하며, 수서곤충 등을 주로 먹는다. 산란기는 4~5월로 추정되며, 전장 94.3~120.5mm에 포란 수는 2504~4540개(평균 3548개)이고, 알은 작다. 생태와 생활사에 관해서는 잘 알려져있지 않다. 성장은 만 1년생이 전장 40mm 내외, 2년생이 60~80mm, 3년생이 100~120mm로 추정된다. 하천개수와 수질오염 등으로 개체 수가 급격히 감소하고 있다.

분포 ● 한강, 임진강, 금강에 서식한다. 한국 고유종이며 멸종위기야생동 · 식물 Ⅱ급으로 지정되어있다. 금강 수계에서는 무주와 영동 등에 서식한다.

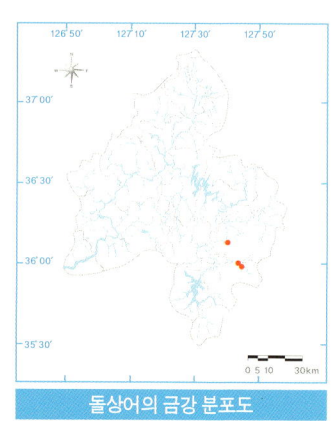

돌상어의 금강 분포도

돌상어

Gobiobotia brevibarba Mori

돌상어

돌상어 머리 부분   복면

돌상어 서식지 ‖ 전북 무주군 무주남대천

흰수마자

Gobiobotia nakdongensis Mori

흰수마자

전장 : 60~70mm

형태 및 몸색 ● 몸은 길고, 몸통은 원통형이며, 후반부로 갈수록 가늘어진다. 머리는 위아래로 약간 납작하고, 복부는 편평하다. 입은 반원형으로 아래쪽을 향하며, 입수염이 4쌍 있다. 옆줄은 완전하고 전반부는 약간 아래로 휘어있으며, 가슴지느러미 기저의 복부에는 비늘이 없다. 등 쪽은 담갈색이고, 체측 중앙에는 5~6개의 암색 점이 세로로 배열되어있다.

생태 ● 하천 중류의 모래와 자갈이 깔린 여울 바닥에 서식하며, 주로 수서곤충을 먹는다. 산란기는 6월경으로 추정되지만 명확한 생활사는 알려지지 않았다. 만 1년생이 전장 30~45mm까지 성장하며, 만 2년이면 45~60mm로 성장한다.

분포 ● 낙동강, 한강, 금강, 임진강에 제한적으로 서식하는 희소종이다. 한국 고유종이며 멸종위기야생동 · 식물 I급으로 지정되었다. 금강 수계에는 연기, 공주, 부여, 논산, 미호천 등에 서식하였으나 최근에는 채집 기록이 없다.

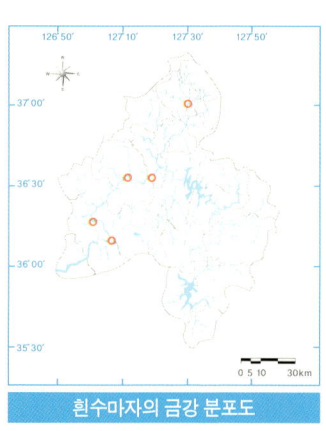

흰수마자의 금강 분포도

Gobiobotia naktongensis Mori

흰수마자

잉어목 | 모래무지아과

99

흰수마자

흰수마자 머리 부분

흰수마자 옛 서식지 ‖ 충북 진천군 미호천

돌마자

돌마자

전장 : 50~100mm

형태 및 몸색 ● 몸은 길고 옆으로 약간 납작한 원통형이며, 머리와 몸통 아랫면은 편평하다. 주둥이는 짧고 입은 말굽 모양인데, 윗입술에는 1열의 피질 돌기가 있고, 1쌍의 입수염이 있다. 복면에는 비늘이 없다. 등 쪽은 암갈색이고, 체측에는 작은 반점이 산재해 있으며, 중앙에 희미한 세로띠가 있고 7~9개의 크고 검은 반점이 나열되어있다. 등지느러미와 꼬리지느러미에는 3~4열의 점으로 된 줄무늬가 있으며 가슴지느러미, 배지느러미, 뒷지느러미에도 반점이 나타난다.

생태 ● 하천 중류의 모래와 잔자갈이 깔려있고 유속이 빠르지 않은 여울부에 주로 서식한다. 주된 먹이는 부착 조류인데 수서 곤충도 먹는다. 산란기는 수온이 18~25℃ 사이인 5~7월이며, 포란 수는 약 1850개이다. 난은 담황색으로 구형이고, 침성과 점착성이 있으며, 난경은 약 2mm이다. 수정란은 22~25℃에서 약 20시간 만에 부화한다. 성장은 만 1년생이 50~60mm, 2년생이 70~80mm, 3년생이 90~100mm에 이른다.

분포 ● 동해 유입 하천을 제외한 우리나라 전 수역에 서식하는 한국 고유종이다. 금강 수계에도 거의 전역에 분포한다.

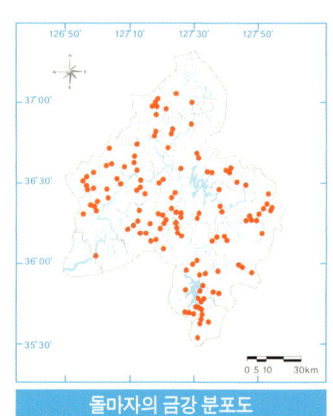

돌마자의 금강 분포도

Microphysogobio yaluensis (Mori)

돌마자

돌마자

머리 부분

돌마자 등 부분

돌마자 서식지 ‖ 충남 연기군 조치원 조천

됭경모치

Microphysogobio jeoni Kim and Yang

됭경모치

전장 : 70~90mm

형태 및 몸색 ● 몸은 가늘고 긴 원통형이며, 체고는 비교적 낮지만, 미병부는 옆으로 약간 납작하다. 입은 반원형이며 위아래 입술의 피질돌기는 발달이 매우 미약하다. 입수염은 1쌍이고, 가슴지느러미 기부 사이에는 비늘이 없으나 가슴지느러미와 배지느러미 사이의 복면에는 비늘이 있다. 등 쪽은 담갈색이고, 배 쪽은 은백색이다. 몸 측면에는 갈색의 세로줄무늬가 있는데, 이곳에 7~10여 개의 반점이 열 지어 있다. 등지느러미와 꼬리지느러미에는 작고 희미한 반점이 줄무늬를 형성한다.

생태 ● 하천 중하류의 모래가 깔린 바닥 가까이에 서식하면서 부착 조류, 수서곤충 등을 먹는다. 생활사 등에 관해서는 잘 알려지지 않았고, 성장은 만 1년생이 전장 40~50mm, 2년생이 60~70mm, 3년생이 80~100mm에 이르는 것으로 추정된다.

분포 ● 한강, 낙동강, 금강에 서식하는 한국 고유종이다. 금강 수계에는 진안, 논산, 익산 등에 서식한다.

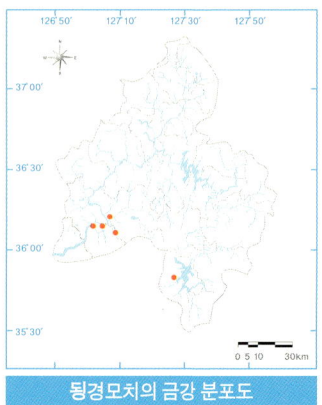

됭경모치의 금강 분포도

보청천

보청천은 충북 보은군 내북면 하궁리에서 발원하여 충북 옥천군 청성면에서 금강과 합류하는 유로 연장 72.11km의 하천으로, 보은 유역은 지방 2급 하천, 옥천 유역은 지방 1급 하천에 속한다. 보은읍에서 종곡천, 항건천(15.72km)이 합류한 후 속리산 천황봉(1057.7m) 아래 만수리에서 발원하여 흐르는 삼가천과 탄부면에서 만난다. 이후 오덕천(10.00km), 한중천, 예곡천이 합류하여 금강에 유입된다.

1, 2 충북 보은군 마로면
3 충북 옥천군 청산면
4 충북 옥천군 청성면

배가사리

Microphysogobio longidorsalis Mori

배가사리 ♂

전장 : 80~120mm

형태 및 몸색 ● 몸은 굵고 길며 약간 납작한 원통형이다. 눈은 작고 머리 위쪽에 위치해 있다. 주둥이는 짧고, 입은 말굽형이다. 윗입술에는 1열의 피질 소돌기가 있는데 양끝으로 갈수록 작아지면서 그 수가 증가한다. 입수염은 1쌍이다. 가슴 지느러미 기부 사이와, 가슴지느러미와 배지느러미 사이의 복면에는 비늘이 있다. 등지느러미는 매우 크고 가장자리가 둥글다. 등 쪽은 암갈색이고, 체측에는 폭이 넓고 희미한 암색 세로줄이 있으며, 8~9개의 암색 점이 배열되어있다.

생태 ● 하천 중상류의 수심 40~50cm, 유속 70cm/sec 정도 되는, 흐름이 빠르고 돌과 자갈이 깔린 여울 바닥에 서식한다. 먹이는 부착 조류를 주식으로 한다. 산란기는 수온이 16~18℃ 사이인 4~5월이며 암수 모두 전장 80mm 이상에서 성적으로 성숙한다. 포란 수는 5133~8787(평균 7334)개이고, 난소 내 성숙난은 크기가 평균 1.03mm로 작다. 성장은 만 1년생이 전장 45~65mm, 2년생이 65~110mm, 3년생이 110mm 이상이다.

분포 ● 한강과 임진강, 금강에 분포하는 한국 고유종이며, 금강 수계에서는 진안(1935)과 대덕(1987) 등에서 채집하였다는 기록이 있으나 그 후에는 보고된 바 없다.

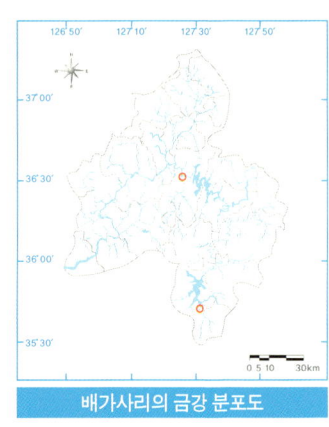

배가사리의 금강 분포도

Microphysogobio longidorsalis Mori   배가사리

배가사리(♂)

배가사리(♀)

두우쟁이

잉어목 | 잉어과 | 모래무지아과
Saurogobio dabryi Bleeker

두우쟁이

영어명 : Chinese gudgeon   전장 : 150~250mm

형태 및 몸색 ● 몸은 길고 가늘며 원통형이고, 등지느러미 기점에서 체고가 가장 높다. 머리는 길고 낮으며, 주둥이 끝은 둔하다. 입은 아래쪽을 향하고 위아래 입술에는 피질 소돌기가 있다. 등 쪽은 암갈색이고, 체측 중앙에는 암색 세로줄이 있다. 세로줄의 위쪽으로 10~15개의 암점이 불규칙하게 나타나고, 아가미덮개에도 어두운 삼각형 무늬가 있다.

생태 ● 하천 하류의 모래바닥에 서식하고 부착 조류나 수서곤충 등을 먹는다. 산란기는 4월경으로, 하천 중류까지 큰 무리를 지어 이동하여 산란한다. 생태에 대해서는 자세히 알려지지 않았으며, 만 1년생이 전장 150mm 내외, 2년생이 200~210mm 내외, 3년생은 약 250mm까지 성장한다.

분포 ● 임진강, 한강, 금강에 서식하고, 국외에는 중국, 베트남, 러시아 등에 분포한다. 최근 금강 수계에서는 채집 기록이 없다.

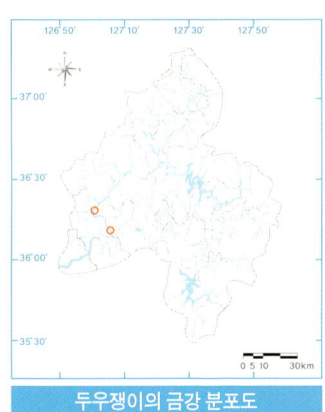

두우쟁이의 금강 분포도

잉어목 | 잉어과 | 황어아과
Hypophthalmichthys molitrix
(Cuvier and Valenciennes)

백련어

백련어

영어명 : silver carp   전장 : 500~1000mm

형태 및 몸색 ● 체고가 높고 옆으로 납작하다. 머리는 크고, 눈은 작으며 중앙보다 아래쪽에 달려있다. 입은 위쪽을 향하고 있다. 복부 쪽으로 처진 옆줄은 완전하고, 복부에는 칼날돌기(융기연)가 있다. 등 쪽은 녹갈색이며, 산란기에는 체측면에 암갈색 구름무늬가 나타난다.

생태 ● 큰 강 하류나 호수 등에 서식한다. 표층 가까이에서 주로 식물성플랑크톤을 섭식한다. 산란된 알은 강을 따라 유하하면서 발생하는데, 우리나라에서는 생활사가 이루어지지 못하는 것으로 알려져있다. 만 1년에 150~250mm까지 성장하고, 암수 모두 약 850mm쯤 자라면 성숙한다.

분포 ● 아시아 동부 지역이 원산지이다. 때때로 방류한 개체들이 대형으로 성장하여 댐호 등에서 포획되기도 한다.

참고 ● 1963년 11월에 일본으로부터 치어 2만 마리를 수입하였고, 이후 대만에서 1967 · 1968 · 1974년 3회에 걸쳐 치어 1만 5000마리를 입수하여 방류하였다.

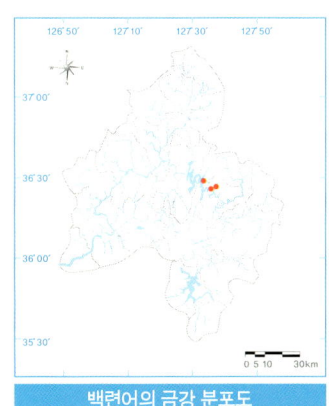
백련어의 금강 분포도

버들치 *Rhynchocypris oxycephalus* (Sauvage and Dabry)

버들치

영어명 : Chinese minnow   전장 : 60~150mm

형태 및 몸색 ● 몸은 길고 옆으로 약간 납작하다. 위턱이 아래턱보다 조금 길고, 옆줄은 완전한데 앞부분이 배 쪽으로 약간 처져있다. 몸색은 황갈색 또는 암갈색이고 체측 중앙에 흑색 세로줄이 희미하게 나타나기도 한다. 등 쪽으로 암갈색의 작은 점들이 무수히 산재한다.

생태 ● 하천 상류에 흔하게 분포하며, 다른 버들치속 종들에 비해 높은 수온이나 수질오염에 대한 내성이 비교적 강한 편이다. 잡식성으로 수서곤충, 부착조류, 식물 조각 등을 먹는다. 산란기는 수온이 15~20℃ 범위인 4월 중순부터 5월 중순경인데, 무리를 이루어 모래와 잔자갈 틈을 파헤치고 산란한다. 알은 반투명한 황색이고 침성이며 점착성이 있다. 수정란의 크기는 평균 1.8mm이다. 만 1년생이 전장 50~60mm, 2년생이 80~100mm, 3년생은 120~140mm까지 성장한다.

분포 ● 우리나라 서남해로 유입되는 하천과, 동해 남부로 유입되는 대부분의 하천 상류에 서식한다. 중국 북부의 하천과 일본 등에도 분포한다. 금강 수계 대부분의 상류 하천에 서식하고 있다.

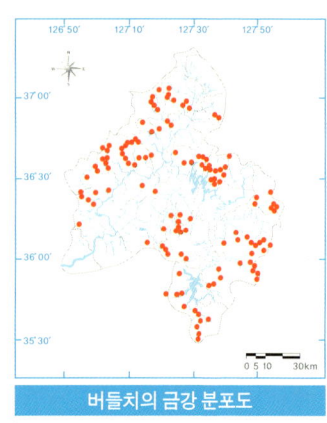

버들치의 금강 분포도

Rhynchocypris oxycephalus (Sauvage and Dabry) 버들치

버들치

버들치 산란장

버들치 서식지 ‖ 충남 공주시 계룡산

금강모치

Rhynchocypris kumgangensis (Kim)

금강모치

영어명 : Kumgang fat minnow　　　　　　　　전장 : 60~80mm

형태 및 몸색 ● 몸은 비교적 가늘고 길며, 꼬리자루도 긴 편이다. 옆줄은 약간 배쪽으로 휘어져있다. 주둥이는 뾰족하고, 위턱이 아래턱보다 약간 길며, 눈은 크다. 몸색은 녹갈색이고, 소수의 작고 검은 반점이 산재해 있다. 체측 중앙부에 금빛 광택이 나는 세로줄무늬가 있고, 아가미덮개 위쪽 후단부터 꼬리지느러미 기점까지와, 가슴지느러미 기점부터 뒷지느러미 기점까지 2줄의 주황색 세로띠가 이어진다. 등지느러미 기부에 검은 반점이 있다.

생태 ● 산간 계류의 수온이 낮고 물이 맑은 지역에 서식하고, 수서곤충을 주로 먹는다. 산란기는 수온 11~14℃ 범위인 4~5월이고, 암수가 집단으로 어울려 여울의 자갈 밑을 파고 들어가 산란하는데, 이때 수컷 여러 마리가 암컷 한 마리를 따르는 산란행동을 한다. 만 1년생은 전장 40mm 이하, 2년생은 40~65mm, 3년생은 65~80mm이며, 80mm가 넘는 개체는 4년생 이상이다. 암컷은 만 3년생부터, 수컷은 만 2년생 중 약 50mm가 넘는 개체들이 성적으로 성숙한다.

분포 ● 남·북한강 및 임진강 계류에 대부분 우점종으로 분포한다. 금강에는 무주구천동에만 서식하고 있으며, 생물지리학적으로 중요시된다.

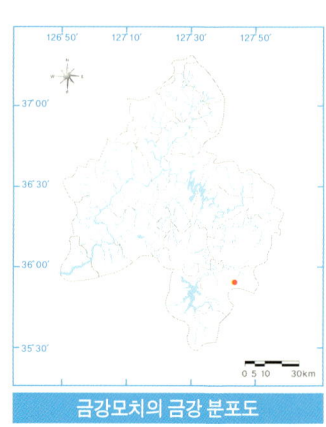

금강모치의 금강 분포도

Zacco koreanus Kim, Oh and Hosoya 참갈겨니

참갈겨니(♂)

참갈겨니(우)

참갈겨니 서식지 ‖ 전북 진안군 주자천

피라미

Zacco platypus (Temminck and Schlegel)

피라미 ♂

영어명 : pale chub   전장 : 100~150mm

형태 및 몸색 ● 몸은 길고 납작하다. 눈에는 붉은 색소가 있으며, 수컷의 몸 측면에는 10~13개의 청록색 가로무늬가 있다. 수컷의 혼인색은 암흑색, 청록색, 붉은색 등으로 화려하다. 추성은 주둥이 전단, 아래턱, 눈 위와 아래, 뺨, 아가미덮개 등에 나타나고 뒷지느러미에도 돌기가 나타난다.

생태 ● 하천 중류부터 중상류까지 주로 서식하며, 수질오염이나 환경 변화에 대한 내성이 비교적 강하다. 주된 먹이는 부착 조류이며 수서곤충도 먹는다. 산란기는 5~8월이고, 물살이 약한 여울에서 소규모의 무리를 이루어 하상을 파헤치며 산란한다. 만 1년에 전장 60~70mm, 2년에 80~110mm, 3년이면 130mm까지 성장한다.

분포 ● 우리나라 전국의 하천에 서식한다. 국외에는 중국, 대만, 일본에 분포한다. 금강 수계 대부분의 하천에 서식하고 있다.

참고 ● 피라미는 치어기에 달하면 섭이를 위해 여울로 진출하여 하류로 떠내려간다. 따라서 물살이 빠르고 유로가 짧은 섬의 하천이나, 바다와 인접한 작은 하천에서는 살지 못한다. 그러나 치어기에 여울로 진출하지 않는 갈겨니나 참갈겨니는 이와 같은 환경에서도 살 수 있다.

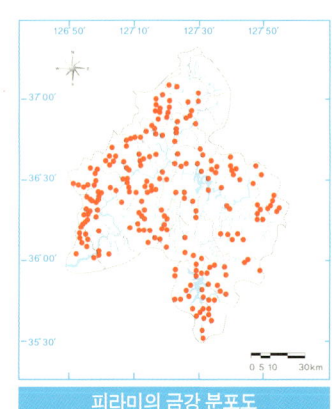

피라미의 금강 분포도

Zacco platypus (Temminck and Schlegel)

피라미

피라미(♂)

피라미(우, ♂)

피라미 알

피라미의 산란행동

끄리

Opsariichthys uncirostris amurensis Berg

끄리

영어명 : Korean piscivorous chub

전장 : 180~250mm

형태 및 몸색 ● 몸은 길고 납작하다. 입이 커서 위턱의 끝이 눈앞에 이르며, 아래턱과 위턱이 요철(凹凸)형이다. 옆줄은 완전하며 중앙부가 배 쪽으로 굽어있다. 등 쪽은 녹갈색이고 배 쪽은 은백색이다. 수컷의 혼인색은 등이 청자색, 아래턱부터 복면까지가 주황색, 지느러미는 연한 분홍색이다. 추성은 위·아래턱, 뺨, 아가미덮개, 미병부 등과 뒷지느러미에도 나타난다.

생태 ● 큰 강 중하류나 댐호 등에 서식하고, 육식성으로 수서곤충, 갑각류, 어류 등을 포식한다. 산란기는 5~8월이고, 수정란은 20~25℃ 수온에서 2~3일 만에 약 6mm의 크기로 부화하며, 약 5일 만에 7.9mm로 성장하여 난황을 흡수한다. 만 1년생이 80~100mm, 2년생이 120~150mm, 3년생은 180~210mm에 이르고, 4년이면 250~280mm까지 성장한다.

분포 ● 동해로 흘러드는 하천을 제외하고 전 수계에 서식한다. 국외에는 중국 북부, 시베리아 등에 서식하며 일본에도 유사종이 서식하고 있다. 금강 수계에는 진안, 영동, 옥천, 보은, 대전, 연기, 부여, 논산, 익산 등에 서식한다.

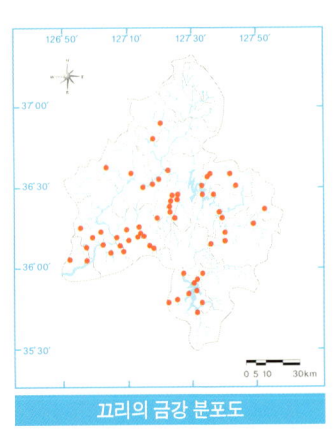

끄리의 금강 분포도

Opsariichthys uncirostris amurensis Berg

끄리

끄리

끄리 미성어

끄리 서식지 ‖ 충북 청원군 대청호

눈불개

잉어목 | 잉어과 | 피라미아과
Squaliobarbus curriculus (Richardson)

눈불개

전장 : 200~300mm

형태 및 몸색 ● 몸은 길고 원통형이며, 꼬리자루는 약간 납작하다. 입은 작고, 위턱이 아래턱보다 조금 길며, 입가에는 짧은 수염이 1쌍 있다. 옆줄은 완전하고 전반부는 배 쪽으로 휘어있다. 등 쪽은 옅은 녹갈색이며 배 쪽은 은백색이다. 눈 위쪽에 붉은 색소가 현저하고, 각 비늘의 뒤쪽에 검은 색소가 밀집되어있어 8개 안팎의 세로띠를 형성한다.

생태 ● 유속이 완만한 큰 강 하류에 서식하며, 식성은 부착 조류, 수초, 수서곤충 등을 먹는 잡식성이다. 보통 때에는 단독생활을 하는데, 산란기에는 무리를 이룬다. 생활사에 관해서는 알려진 것이 별로 없으나, 중국 양쯔강에 서식하는 개체들의 경우 산란기가 6~8월이고, 만 1년에 179mm, 2년에 256mm, 3년에 303mm에 달한다고 알려져있다.

분포 ● 한강과 금강에 서식하며 북한의 대동강과 중국에도 분포한다. 금강 수계에는 옥천, 공주, 논산, 익산 등에 서식한다.

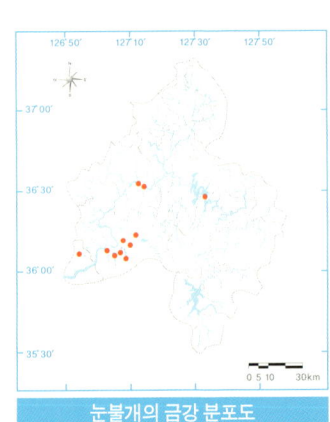

눈불개의 금강 분포도

갑천

갑천은 충남 금산군 진산면 행정리 대둔산(878m)에서 발원하여 논산시 벌곡면과 대전광역시를 관통한 다음 대전시 유성구 봉산동에서 금강으로 유입되는 국가하천으로, 유로 연장은 73.70km에 달한다. 갑천에는 두계천, 유성천, 탄동천, 유등천 등이 합류한다. 유로 연장이 44.40km인 유등천은 금산군 진산면에서 발원하여 복수면을 지나 대전광역시를 통과한 후 대전시 서구 삼천동에서 갑천에 합류된다.

한편 대전시 동구 하소동에서 발원한 대전천(26.29km)은 중구 오정동에서 유등천과 합류한다.

1	2
3	4

1 유등천 ‖ 충남 금산군 복수면
2 대전천 ‖ 대전 중구
3 갑천 ‖ 충남 논산시 벌곡면
4 갑천 ‖ 대전시 유성구

강준치

Erythroculter erythropterus (Basilewsky)

강준치

영어명 : sky gager   전장 : 200~500mm

형태 및 몸색 ● 몸은 길고 매우 납작한 대형 종이다. 머리는 작으면서 위쪽이 안쪽으로 약간 굴곡져있으며, 입은 비스듬히 위쪽을 향한다. 옆줄은 완전하고 배쪽으로 휘어있다. 복부에 칼날돌기는 나타나지 않는다. 등 쪽은 회갈색이고 나머지 부분은 광택이 나는 은백색이다.

생태 ● 큰 강 하류나 댐호와 같이 유량이 많고 유속이 완만한 곳에 서식한다. 식성은 육식성으로 수서곤충, 갑각류, 어린 물고기 등을 먹이로 하고, 수면 위로 떨어지는 육상 곤충을 다량 섭식하는 표층성 어류의 특징을 나타낸다. 산란기는 5~6월이며, 알은 수초에 붙인다. 성장은 만 1년에 전장 110mm, 2년에 150mm, 3년에 220mm, 4년이면 240mm 안팎까지 성장한다.

분포 ● 한강, 금강, 임진강 같은 큰 강의 하류와 대형 댐호에 서식하고, 북한의 압록강과 대동강에도 서식한다. 중국, 대만 등에도 분포한다. 금강 수계에서는 옥천, 대전, 논산, 익산 등에 서식한다.

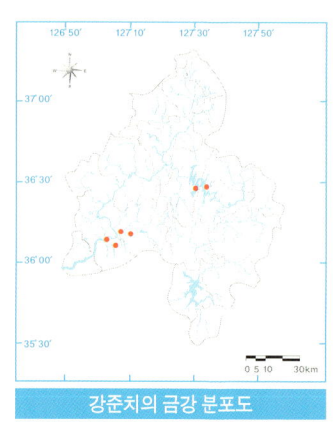

강준치의 금강 분포도

Erythroculter erythropterus (Basilewsky)

강준치

강준치 미성어

강준치의 입

강준치 서식지 ‖ 충남 논산시 강경읍

치리

Hemiculter eigenmanni (Jordan and Metz)

치리

영어명 : Korean sharpbelly

전장 : 150~200mm

형태 및 몸색 ● 몸은 약간 길며, 옆으로 매우 납작하다. 입은 작고 위쪽을 향해 있으며, 눈은 큰 편이다. 옆줄은 전반부에서 아래쪽으로 급하게 휘어지며 후반부는 거의 일직선을 이룬다. 가슴지느러미 기저의 뒤쪽 끝부터 항문 앞까지 복면 중앙에 칼날돌기가 있다. 등 쪽은 청갈색이며 몸 측면과 복부는 광택이 나는 은색이다.

생태 ● 유속이 완만한 하천이나 저수지 등에 서식하면서 표층과 중층에서 활발하게 유영한다. 잡식성으로 식물질이나 수서곤충 등을 먹는다. 산란기는 6~7월이며, 만 1년생이 전장 60~90mm, 2년생이 100~130mm, 3년생은 140~150mm까지 자란다.

분포 ● 한국 고유종으로, 수원 이남의 서해로 유입되는 하천에 서식한다. 금강 수계에는 옥천, 보은, 대전, 부여, 논산, 익산 등에 서식한다.

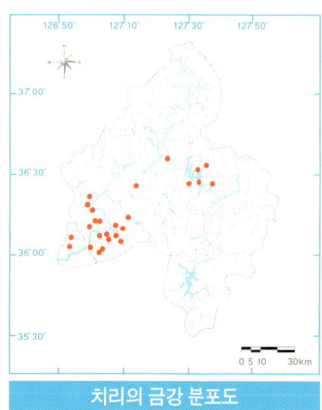

치리의 금강 분포도

Hemiculter eigenmanni (Jordan and Metz)

치리

치리

치리 서식지 ∥ 충남 논산시 강경읍 강경천

쌀미꾸리

Lefua costata (Kessler)

쌀미꾸리 ♂

영어명 : eight barbel loach

전장 : 50~70mm

형태 및 몸색 ● 몸은 원통형이며, 미병부는 옆으로 납작하다. 머리는 위아래로 납작하고 아래턱이 위턱보다 짧으며, 입은 주둥이 아래 위치한다. 입수염은 외 비공 앞에 1쌍, 입 둘레에 3쌍이 있다. 눈은 작고 눈 아래에 안하극이 없으며, 수컷의 가슴지느러미에는 골질반이 없다. 몸색은 보통 담갈색으로 검은색 반점이 산재해 있는데, 수컷은 주둥이 끝에서 꼬리지느러미 기부까지 검은색 세로줄무늬가 뚜렷하지만 암컷은 불분명하다. 등지느러미와 꼬리지느러미에는 담갈색 반점이 산재한다.

생태 ● 물이 얕고 수초가 많은 농수로, 개울, 늪 등의 진흙 바닥에 살면서 수서곤 충을 주로 먹는다. 만 1년에 수컷은 40~50mm, 암컷은 50~60mm까지 자라 성어가 된다. 비교적 유영력이 좋은 편이다.

분포 ● 우리나라 대부분의 담수역에 서식하며, 중국, 시베리아 등에도 분포한다. 금강 수계에 는 청원, 증평 등지에 서식한다.

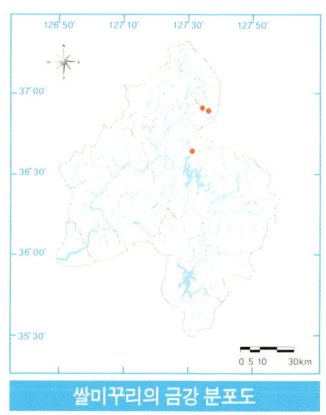

쌀미꾸리의 금강 분포도

쌀미꾸리

Lefua costata (Kessler)

쌀미꾸리(우)

유영하는 쌀미꾸리

쌀미꾸리 서식지 ‖ 충북 청원군 북일면 미호천 지류

미꾸리

Misgurnus anguillicaudatus (Cantor)

미꾸리

영어명 : muddy loach   전장 : 100~180mm

형태 및 몸색 ● 몸은 가늘고 긴 원통형이고, 미병부는 옆으로 약간 납작하다. 입은 주둥이 아래쪽에 위치하며 말굽 모양이다. 입수염은 5쌍이며, 가장 긴 입수염은 눈 지름의 2.5배를 넘지 못한다. 수컷의 가슴지느러미는 암컷보다 길고, 기부에는 골질반이 있다. 몸색은 서식 장소에 따라 변이가 심하며, 보통 등 쪽이 어두운 녹갈색이고 몸 측면에는 암색 반점이 흩어져있다. 등지느러미와 꼬리지느러미에는 검은색 작은 반점으로 이루어진 무늬가 나타난다.

생태 ● 물 흐름이 거의 없고 바닥에 진흙이 깔린 늪, 연못, 소하천, 저수지, 농수로 등에 주로 서식한다. 아가미호흡과 함께 장호흡을 하므로 산소가 부족한 물에서도 잘 견디며 수질오염에 대한 내성도 강하다. 수온이 낮아지면 진흙 속으로 파고들어가 월동한다. 식성은 잡식성으로 소형 수서 동물, 식물 조각 등을 먹는다. 산란기는 5~6월이고, 수컷이 암컷의 몸을 감아 산란한다. 만 1년에 70mm, 2년에 120mm, 3년이면 160mm 내외까지 성장한다.

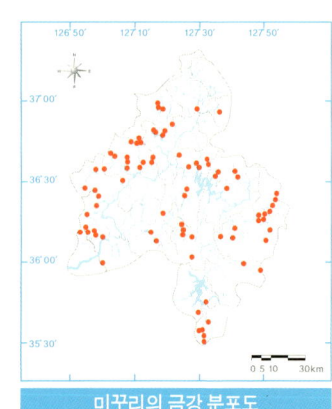

미꾸리의 금강 분포도

분포 ● 우리나라 전역의 대부분 담수역에 서식하며 중국과 일본에도 분포한다. 금강 수계의 상류를 제외한 대부분의 하천에 서식한다.

Misgurnus anguillicaudatus (Cantor)

미꾸리

미꾸리 머리 부분

미꾸리

미꾸라지

Misgurnus mizolepis Günther

미꾸라지

영어명 : Chinese muddy loach   전장 : 150~200mm

형태 및 몸색 ● 미꾸리처럼 몸이 길지만 그보다 더욱 옆으로 납작하다. 입은 반원형이며 아래턱이 위턱보다 짧다. 입가에는 5쌍의 입수염이 있는데, 가장 긴 것은 눈 지름의 4배쯤 되므로 미꾸리보다 길다. 미병고 역시 미꾸리보다 현저하게 높아 구분된다. 몸은 암컷이 수컷보다 크며, 수컷은 가슴지느러미가 암컷에 비해 길고 뾰족하다. 몸색은 등 쪽이 암녹색이고, 몸 측면에 암색 반점이 흩어져있으며, 등지느러미와 꼬리지느러미에 검은색 반점들이 산재한다.

생태 ● 하천 하류의 물 흐름이 느린 곳이나 연못, 늪, 소하천, 농수로 등에 주로 서식한다. 장호흡을 하고, 수질오염에 대한 내성이 강하다. 식성은 잡식성이다. 5~6월이 산란기이며 수컷이 암컷의 몸을 감아 산란한다. 성장도에 대해서는 알려진 것이 없다.

분포 ● 우리나라 하천에 널리 분포하고 있으나 주로 서해나 남해로 유입되는 하천에 많다. 중국에도 분포한다. 금강 수계에는 장수, 무주, 대전, 천안, 공주, 청양, 부여, 논산, 익산 등에 서식한다.

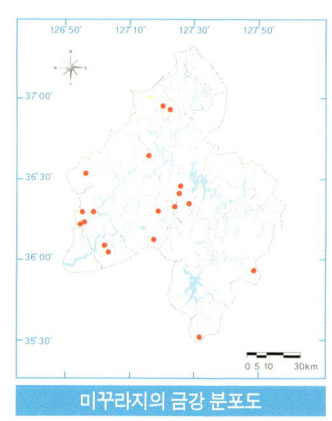

미꾸라지의 금강 분포도

미꾸라지

미꾸라지

미꾸라지 머리 부분과 입수염

입 부분

참종개

Iksookimia koreensis (Kim)

132

참종개

영어명 : Korean spine loach   전장 : 80~100mm

형태 및 몸색 ● 몸은 가늘고 길며, 옆으로 약간 납작하다. 주둥이는 길고, 작은 입은 반원형이며, 아래턱이 위턱보다 짧다. 아랫입술은 가운데 홈이 있어 양옆으로 갈라진다. 입수염은 3쌍이고, 눈 밑에는 안하극이 있으며, 옆줄은 불완전하다. 수컷은 가슴지느러미가 뾰족하며 기부에 가늘고 긴 골질반이 있다. 몸색은 담황색이고, 머리에는 작은 암갈색 반점이 흩어져있다. 체측면에는 10~18개의 폭이 좁은 삼각형의 가로무늬가 있으며, 등 쪽에는 얼룩무늬가 나타난다. 등지느러미와 꼬리지느러미에는 3~4줄의 갈색 띠가 있다.

생태 ● 하천 중상류의 유속이 비교적 빠르고 모래와 자갈이 깔려있는 곳에 서식한다. 잡식성이지만 주로 수서곤충을 먹는다. 산란기는 6~7월로 추정되며, 만 1년생이 40~ 70mm, 2년생이 70~90mm, 3년생은 약 100mm가 넘게 자란다.

분포 ● 서한아지역의 중상류 하천에 서식하는 한국 고유종이다. 금강 수계에는 대부분의 중상류 하천에 서식하고 있다.

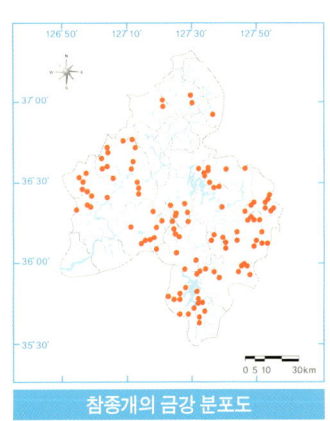

참종개의 금강 분포도

Iksookimia koreensis (Kim)

참종개

참종개

참종개 머리 부분

참종개 서식지 ‖ 전북 장수군 장계천

미호종개

Iksookimia choii (Kim and Son)

미호종개

영어명 : Miho spine loach

전장 : 80~100mm

형태 및 몸색 ● 몸통 중앙은 다소 굵으며, 미병부는 가늘고 길다. 머리는 양쪽으로 납작하고, 주둥이는 길고 뾰족하며, 입은 주둥이 아래 있다. 입수염은 3쌍이고 작은 눈 밑에는 안하극이 있다. 옆줄은 불완전하며, 수컷의 골질반에는 톱니 모양의 거치가 있다. 몸색은 담황색 바탕에 갈색 반점이 있다. 머리에는 작은 반점이 있고, 주둥이 끝에서 눈으로 사선의 줄무늬가 이어진다. 몸 측면에는 12~17개의 반원 또는 삼각 형태의 반점이 배열되어있고, 그 위와 등 쪽에는 불규칙한 얼룩무늬가 있다. 등지느러미와 꼬리지느러미에는 3~4줄의 갈색 띠가 있다.

생태 ● 수심이 얕고 유속이 비교적 완만한 곳에 서식하며 모래 속에 잘 숨는다. 산란기는 5~6월로 추정되나 생태와 생활사는 알려져있지 않다.

분포 ● 한국 고유종이자 금강 특산이다. 미호천과 그 인근에 분포했지만 최근에는 거의 채집되지 않고 대전 일원에 소수가 서식한다고 알려져있다.

참고 ● 미호종개는 미호천에서 처음 채집되어 김익수 · 손영목 박사가 1984년 신종으로 기록하였다. 그러나 미호천에서는 수질오염과 서식지 교란으로 1997년을 마지막으로 채집 기록이 없다. 2005년 천연기념물 454호와 멸종위기야생동 · 식물 I급으로 지정되었다.

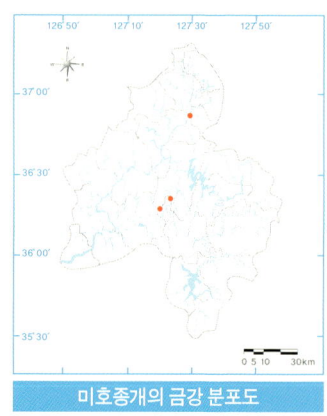

미호종개의 금강 분포도

미호종개

Iksookimia choii (Kim and Son)

미호종개의 모식표본(type species)

미호종개

몸을 숨긴 미호종개

미호종개 옛 서식지 ‖ 충북 청원군 미호천

점줄종개

Cobitis lutheri **Rendahl**

점줄종개 ♂

영어명 : sand spine loach

전장 : 70~80mm

형태 및 몸색 ● 몸은 가늘고 길며, 양옆으로 약간 납작하다. 작은 입은 주둥이 아래 있고, 아래턱이 위턱보다 짧으며 반원형이다. 입수염은 3쌍이고, 작은 눈 밑에는 안하극이 있다. 수컷은 암컷에 비해 작고, 가슴지느러미가 뾰족하며 골질반은 원반형이다. 미병고는 비교적 높은 편이다. 몸색은 담황색 바탕이며 머리 옆면에 작은 반점이 산재해 있다. 몸 측면에는 네모 또는 타원형 반점이 2열로 배열되어있는데, 산란기 수컷은 이 반점이 이어져 줄무늬로 나타난다. 등지느러미와 꼬리지느러미에는 3~4줄의 띠가 있다.

생태 ● 유속이 비교적 느리고 맑은 하천의 모래나 자갈 바닥에 서식한다. 잡식성이지만 주로 수서곤충을 먹으며, 산란기는 5~6월로 추정된다. 자세한 생태나 생활사는 알려지지 않았다.

분포 ● 한강, 금강, 영산강 등 우리나라 서해와 서남해로 유입되는 하천의 중하류에 서식하고, 중국, 시베리아 등에도 분포한다. 금강 수계에는 금산, 공주, 청양, 부여, 논산 등에 서식한다.

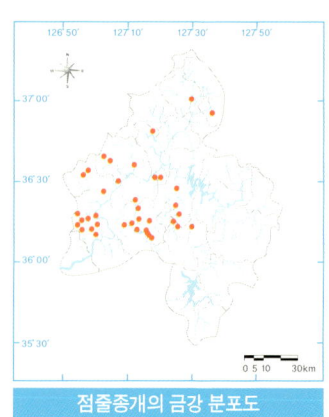

점줄종개의 금강 분포도

Cobitis lutheri Rendahl

점줄종개

산란기의 점줄종개(♂)

점줄종개(♀)

점줄종개 서식지 ‖ 충남 공주시 정안천

동자개

Pseudobagrus fulvidraco (Richardson)

138

동자개

영어명 : Korean bullhead   전장 : 150~180mm

형태 및 몸색 ● 체고가 높은 편이며, 등지느러미를 기준으로 하여 앞쪽은 위아래로 납작하고, 뒤쪽은 옆으로 납작하다. 주둥이는 납작하고 넓으며, 아래턱이 위턱보다 짧아 입이 아래를 향한다. 입수염은 4쌍이며, 가슴지느러미 가시는 크고 안팎으로 톱니 모양의 거치가 있다. 꼬리지느러미의 후연 중앙은 깊이 파여있다. 몸색은 노란색 바탕에 등과 몸 옆면 중앙과 복부에 폭이 넓고 긴 흑색 반문이 나타나며, 모든 지느러미는 부분적으로 검다.

생태 ● 유속이 느리고 바닥에 모래나 진흙이 깔려있는 하천 중하류에 서식한다. 야행성이며 육식성으로 수서동물을 포식한다. 산란기는 5~6월이다. 산란기에 수컷이 산란실을 만들면 이곳에 암컷이 산란하고, 수컷은 알과 부화 자어를 보호한다. 가슴지느러미 가시의 기부를 관절면과 마찰시켜 소리를 낸다. 만 1년생이 50~70mm, 2년생이 100~120mm, 3년생이 150~170mm까지 성장한다.

분포 ● 서해와 남해로 유입하는 하천에 서식하고, 중국, 타이완, 시베리아 동부 등지에 분포한다. 금강 수계에는 진안, 무주, 영동, 대전, 청원, 공주 등에 서식한다.

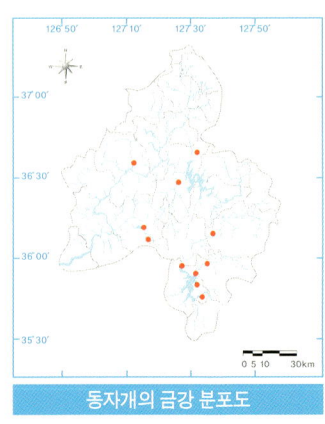

동자개의 금강 분포도

Pseudobagrus fulvidraco (Richardson)

동자개

동자개

수초에 숨은 동자개

동자개 서식지 ‖ 충북 연기군 미호천 하류

눈동자개

메기목 | 동자개과
Pseudobagrus koreanus Uchida

눈동자개

영어명 : black bullhead   전장 : 150~200mm

형태 및 몸색 ● 몸은 길고, 전반부는 원통형이며, 머리는 위아래로 납작하다. 미병부는 가늘고 길며 옆으로 납작하다. 위턱이 아래턱보다 조금 길고, 옆줄은 완전하며, 비늘은 없다. 가슴지느러미 가시 안팎에는 거치가 있다. 몸색은 적갈색인데, 체측에는 반문이 없으나 부분적으로는 진하거나 연한 부분이 나타나기도 한다. 위턱에 난 긴 수염은 가슴지느러미 기부까지 미친다.

생태 ● 하천 중상류의 자갈과 큰 돌이 많은 지역에 서식하며, 수서곤충을 주식으로 한다. 산란기는 5~6월로 추정되며, 생태는 자세히 밝혀지지 않았다. 성장은 만 1년생이 전장 60~80mm, 2년생이 100~120mm, 3년생이 150~170mm이다.

분포 ● 낙동강을 제외한 서남해 유입 하천에 서식한다. 한국 고유종이다. 금강 수계에는 장수, 진안, 영동, 상주, 공주, 부여 등에 서식한다.

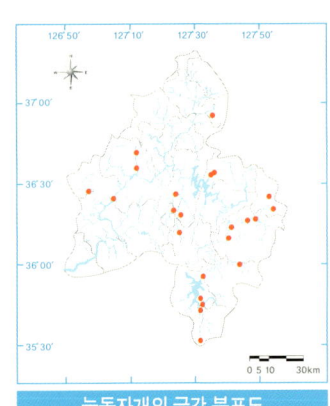

눈동자개의 금강 분포도

눈동자개

Pseudobagrus koreanus   Uchida

눈동자개

눈동자개 머리 부분

눈동자개 서식지 ‖ 전북 진안군 구량천

대농갱이

메기목 | 동자개과
Leiocassis ussuriensis (Dybowski)

142

대농갱이

영어명 : Ussurian bullhead　　　　　　　　전장 : 150~200mm

형태 및 몸색 ● 몸은 가늘고 길며 원통형에 가깝지만, 전반부는 위아래로, 후반부는 옆으로 납작한 편이다. 눈은 작은데 머리 중앙보다 앞쪽에 있고, 아래턱이 위턱보다 짧다. 입가에는 4쌍의 수염이 있으나 길이가 짧은 편이어서 위턱에 난 가장 긴 수염이 눈 뒷부분을 약간 지난다. 가슴지느러미 가시의 바깥쪽은 톱니 모양의 거치가 없고, 안쪽에 15개 내외의 거치가 있다. 꼬리지느러미 후연은 가운데가 안쪽으로 약간 파여있다. 몸색은 진한 황갈색이며 작은 황색 반점들이 흩어져있다.

생태 ● 하천 중하류의 모래나 자갈 또는 진흙이 깔린 곳에 서식한다. 식성은 육식성으로 수서동물을 주로 먹는다. 산란기는 5~6월경으로 추정되며, 생태나 습성에 대해서는 자세히 알려져있지 않다. 성장은 만 1년생이 80~100mm, 2년생이 140~160mm, 3년생이 200mm 안팎까지 성장한다.

분포 ● 서해로 흘러드는 하천에 서식하고, 중국에도 분포한다. 금강 수계에서는 진안, 대청호, 청원 등에 서식하고 있다.

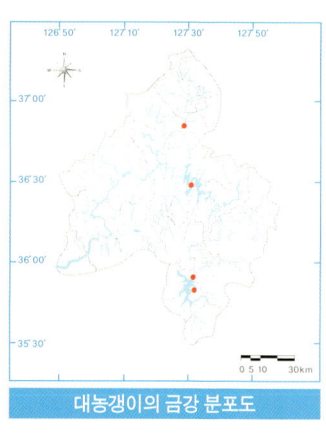

대농갱이의 금강 분포도

Leiocassis ussuriensis (Dybowski)

대농갱이

대농갱이 머리 부분

대농갱이

밀자개

Leiocassis nitidus (Sauvage and Thiersant)

밀자개

영어명 : light bullhead

전장 : 100~150mm

형태 및 몸색 ● 몸은 약간 납작한 원형에 가깝다. 주둥이는 끝이 둥글며 위아래로 납작하고, 아래턱이 위턱보다 약간 짧아 입이 아랫면에 위치한다. 입가에는 4쌍의 수염이 있고, 옆줄은 완전하다. 가슴지느러미 가시에는 안쪽에만 거치가 있다. 꼬리지느러미의 후연 중앙은 안쪽으로 깊이 패여있다. 몸색은 바탕이 황갈색이고 등지느러미와 기름지느러미 아래의 몸통 부위에 옆줄을 중심으로 2개씩의 흑색 반문이 있다. 각 지느러미도 부분적으로 검은색을 띤다.

생태 ● 하천 하류의 유속이 완만하거나 정체된 수역에 주로 서식한다. 육식성으로 수서동물을 먹는다. 산란기는 5~6월경으로 추정되지만 생태나 생활사는 잘 알려져있지 않다.

분포 ● 임진강, 금강, 영산강 등의 하류에 서식하고, 중국에도 분포한다. 금강 수계에서는 부여, 논산 등에 서식하고 있다.

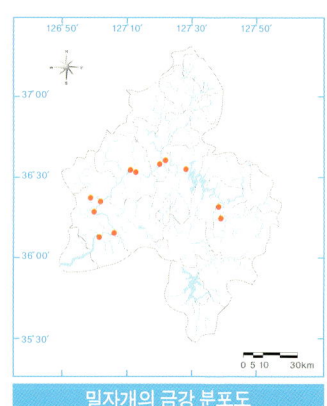

밀자개의 금강 분포도

Leiocassis longirostris Günther

종어

종어(중국 후베이 성 양쯔강 표본, 1967년)

영어명 : long snout bullhead   전장 : 300~500mm

형태 및 몸색 ● 몸은 길고 옆으로 약간 납작하며, 체고는 등지느러미 기점 부분이 가장 높고, 미병부는 옆으로 매우 납작하다. 머리는 위아래로 납작하고, 눈이 작다. 주둥이는 돌출되었으며, 주둥이 밑에 있는 입은 일자형이다. 가늘고 짧은 입수염이 4쌍 있다. 등 쪽은 회갈색, 배 쪽은 담색이며 체측면에 부분적으로 진한 부분이 나타난다. 각 지느러미 가장자리는 흑갈색을 띤다. 등지느러미는 2극조 7연조, 뒷지느러미는 14~18연조이다.

생태 ● 물이 탁하고 모래와 진흙이 깔려있는 큰 강 하류에 분포하고 기수에도 서식한다. 육식성으로 수서동물이나 물고기 등을 먹는다. 산란기는 중국 양쯔강에 서식하는 개체들이 4월 하순부터 6월까지라고 알려져있다.

분포 ● 남한에서는 한강과 금강 하류에 분포하였으나, 현재는 채집되지 않아 절멸된 것으로 추정된다.

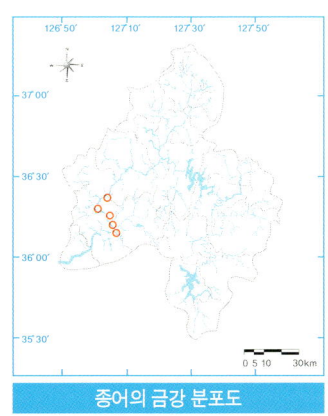

종어의 금강 분포도

메기

메기목 | 메기과

Silurus asotus Linnaeus

메기

영어명 : Far Eastern catfish

전장 : 250~500mm

형태 및 몸색 ● 등지느러미 부근은 원통형이며 뒤쪽으로 갈수록 옆으로 납작해진다. 머리는 크고 앞쪽은 위아래로 납작하다. 아래턱이 위턱보다 길어서 입이 위쪽을 향하고 입 주위에는 수염이 2쌍 있다. 눈은 작고, 등지느러미 길이가 눈 지름의 4배 정도 되며, 뒷지느러미 기저는 길다. 몸색은 암갈색 또는 암회색이고 구름 모양의 반문이 나타나기도 한다.

생태 ● 물 흐름이 완만하고 진흙이 깔려있는 하천, 호수, 저수지, 늪 등에 서식하며, 야행성이다. 육식성으로, 물고기나 수서동물 등을 포식한다. 산란기는 5~7월이며, 수컷이 암컷의 복부를 감아 산란한다. 포란 수는 약 1만 3750개(전장 304mm)이고, 난은 연한 녹황색이며, 한천질에 쌓여있다. 부화 자어는 입수염이 3쌍 있고, 부화 후 3~5개월이면 60~70mm로 성장하여 수염 1쌍이 퇴화하고 2쌍만 남는다. 만 1년생은 전장 100~120mm까지 성장한다.

분포 ● 서남해로 유입되는 대부분의 하천에 서식하며, 동해로 유입되는 하천에서는 영덕 오십천까지 연속적으로 나타난다. 중국, 일본, 대만 등에도 분포한다. 금강 수계에는 진안, 무주, 영동, 옥천, 상주, 공주 등에 서식한다.

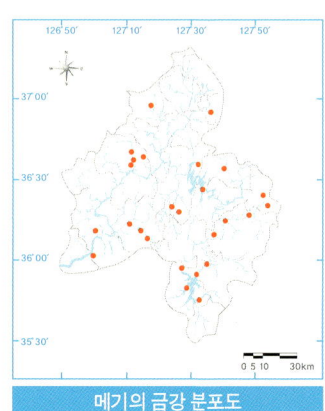

메기의 금강 분포도

146

Silurus asotus Linnaeus

메기

메기 미성어. 입수염이 3쌍이다.

메기 성어. 입수염 1쌍이 퇴화되어 2쌍만 남았다.

미유기

Silurus microdorsalis (Mori)

미유기

영어명 : slender catfish   전장 : 150~200mm

형태 및 몸색 ● 몸은 길고 전반부는 원통형이며 뒤쪽으로 갈수록 옆으로 매우 납작해진다. 머리 앞쪽은 위아래로 납작하고, 아래턱이 위턱보다 길다. 입수염은 2쌍있고, 눈은 작다. 몸색은 암갈색이다.

생태 ● 하천 중상류 또는 상류의 물이 맑고 큰 돌이 많은 곳에 서식하며, 낮에는돌 틈에 숨어있다가 밤에 활동하는 야행성 어류이다. 육식성으로, 수서곤충이나어린 물고기 등을 먹는다. 산란기는 5월경으로 추정되고, 알은 한천질에 쌓여있으며 난황의 직경은 약 1.6mm이다. 어린 개체는 몸이 매우 길고 가늘다.

분포 ● 서남해로 유입되는 대부분의 하천에 서식하는 한국 고유종이다. 금강수계에는 금산, 영동 등에 서식한다.

참고 ● 메기는 500mm 이상 성장하는 대형 종이며, 하천 중하류나 호수, 늪 등에 주로 서식한다. 등지느러미 기조는 4~5개이며 눈 지름의 4배 정도. 반면 미유기는 300mm 넘게성장하는 개체는 드물고, 물이 맑고 큰 돌이많은 하천 상류나 중상류에 서식한다. 등지느러미 기조는 3개이며 눈 지름의 2배 이하로매우 짧다. 몸통이 메기보다 가늘지만 미병부는 비교적 높다. 일부 지방에서는 '산골메기', '깔닥메기' 라고 부르며 메기와 구별한다.

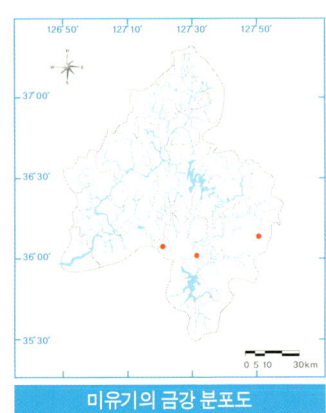

미유기의 금강 분포도

148

미유기

Silurus microdorsalis (Mori)

미유기 등 쪽

미유기의 입

미유기

찬넬동자개

Ictalurus punctatus (Rafinesque)

찬넬동자개

150

영어명 : channel catfish

전장 : 300~600mm

형태 및 몸색 ● 몸은 길고 옆으로 납작하며, 머리는 위아래로 납작하다. 주둥이는 뾰족하고 입 주위에는 수염이 4쌍 있다. 꼬리지느러미는 가운데가 깊게 파여 있다. 몸색은 등 쪽이 옅은 청록색이고 체측에는 작고 검은 반점이 산재하는데, 성장한 수컷은 반점이 줄어들고 몸색이 진해진다. 성별에 따라 몸색에 변화가 심한 편이다.

생태 ● 큰 개체들은 하천 중하류에 서식하고, 소형 개체들은 하천 여울의 주변부에도 서식하는 야행성 어류이다. 식성은 잡식성으로 물고기, 연체류, 수서곤충, 수초 등을 먹지만 대형 개체는 주로 물고기를 선호한다. 산란기는 수온이 20~25℃ 범위인 봄에서 여름 사이이다. 산란 수는 약 2만 개 정도이고, 수컷이 물 흐름이 있는 곳에 산란장을 조성하며 알과 부화 자어를 보호한다.

분포 ● 북미의 미시시피 유역, 오대호, 캐나다 동남부가 원산이며, 우리나라에는 양식장에서 빠져나온 개체들이 일부 댐호와 강에 서식하고 있다.

참고 ● 1972년 11월, 약 130mm 크기의 찬넬동자개 1000마리를 미국에서 양식용으로 도입하였다. '찬넬메기, 언어, 붕메기'라고도 부른다.

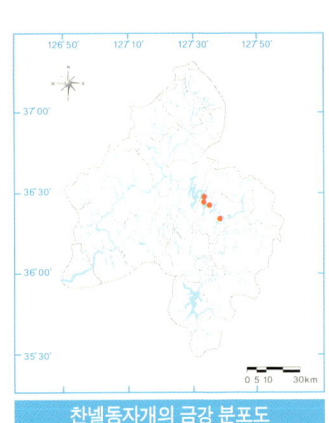

찬넬동자개의 금강 분포도

 미호천

충북 음성군 삼성면의 마이산(471.9m) 남쪽에서 발원하는 미호천
은 충청북도를 남서 방향으로 흘러 금강으로 유입되는 국가하천
이다. 유로 연장은 89.20km이며 한천(21.00km), 백곡천(24.00km),
초평천(41.70km), 보강천(21.90km), 성암천(21.50km), 무심천
(34.50km), 병천천(46.75km), 조천(30.00km) 등의 지류가 합류된
다. 상류 유역의 진천을 비롯하여 청주, 조치원 등에 분지를 형성
하고, 미호천을 따라 평야가 발달하여 충북 최대의 곡창지대를
이룬다.

2	1
3	

1 미호천 상류 ‖ 충북 진천군 초평
2 백곡천 ‖ 충북 진천군
3 미호천 중하류 ‖ 충북 청주시

자가사리

Liobagrus mediadiposalis Mori

자가사리

영어명 : south torrent catfish

전장 : 70~120mm

형태 및 몸색 ● 몸은 길고 몸통은 둥글며, 머리는 위아래로 납작하고, 미병부는 옆으로 납작하다. 눈은 매우 작고, 위턱이 아래턱보다 길어 입이 아래쪽을 향한다. 입수염은 4쌍이고, 비늘은 없다. 가슴지느러미 가시에는 4~6개의 거치가 있다. 몸색은 적갈색이고, 각 지느러미의 외연은 담색이다.

생태 ● 하천 상류 또는 중상류의 자갈과 큰 돌이 깔려있는 여울부에 서식하며, 야행성으로 수서곤충을 주식으로 한다. 산란기는 수온이 20~25℃ 범위인 5~6월이고, 한천질에 쌓인 직경 3.0~3.3mm의 알 덩어리를 돌 밑면에 부착한다. 난괴(卵塊)의 알 수는 약 150개 정도이다. 성장은 만 1년생이 전장 40~60mm, 2년생이 70~100mm이고, 3년생은 110mm 이상이다.

분포 ● 금강과 낙동강 이남의 하천에 서식하며, 동해로 유입하는 하천에서는 강원도 동해시 전천 이남에 자연 분포한다. 한국 고유종이다. 금강 수계에는 장수, 진안, 무주, 영동, 상주 등에 서식한다.

참고 ● 섬진강에 서식하는 자가사리는 꼬리지느러미에 초승달 모양의 노란색 무늬가 있어 다른 수계에 사는 자가사리와 차이가 있다.

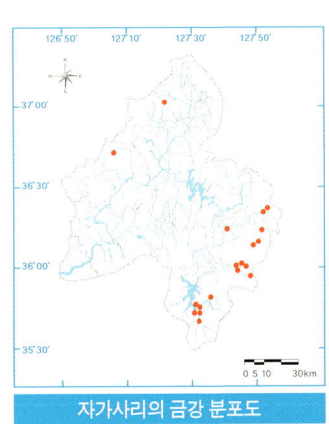

자가사리의 금강 분포도

자가사리

Liobagrus mediadiposalis Mori

자가사리

자가사리의 턱

섬진강(전북 장수군) 자가사리

자가사리 서식지 ‖ 전북 진안군 정자천

퉁사리

Liobagrus obesus   Son, Kim and Choo

퉁사리

영어명 : bullhead torrent catfish   전장 : 70~120mm

형태 및 몸색 ● 몸은 전체적으로 자가사리와 유사하지만 퉁퉁한 편이다. 위턱과 아래턱은 길이가 같다. 가슴지느러미 가시의 거치는 3~5개이며, 성장하면서 그 수가 증가한다. 몸색은 적갈색이고, 복면은 황갈색이다.

생태 ● 하천 중류와 중상류의 자갈이 많고 유속이 비교적 완만한 여울부에 주로 서식하며 야행성이다. 산란기는 수온 20~25℃ 범위인 5~6월이다. 성장은 만 1년생이 전장 40~60mm, 2년생이 70~100mm에 이르고 만 2년생부터 산란한다.

분포 ● 금강, 웅천천, 만경강, 영산강 등에 분포한다. 한국 고유종이며, 멸종위기야생동 · 식물 I 급으로 지정하여 보호하고 있다. 금강 수계에는 영동, 옥천 등에 소수가 서식하고 있다.

참고 ● 자가사리는 위턱이 아래턱보다 길지만, 퉁가리나 퉁사리는 위 · 아래턱 길이가 같다. 퉁가리의 가슴지느러미 기조수는 보통 8개, 퉁사리는 보통 7개이고, 가슴지느러미 가시의 거치수는 퉁가리가 1~3개, 퉁사리는 3~5개 이다. 또한 퉁사리는 자가사리와 퉁가리보다 체폭이 넓고 체고가 높으며, 유속이 완만한 여울이나 소에 서식한다. 3종 모두 가슴지느러미 가시에 강한 독을 가지고 있다.

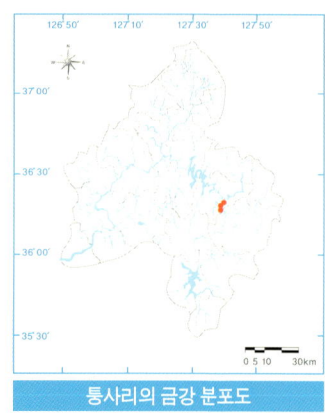

퉁사리의 금강 분포도

Liobagrus obesus Son, Kim and Choo

퉁사리

퉁사리

퉁사리의 턱

퉁사리 등쪽

퉁사리 서식지 ‖ 충북 영동군

빙어

Hypomesus nipponensis McAllister

빙어

영어명 : pond smelt   전장 : 80~120mm

형태 및 몸색 ● 몸은 가늘고 길며 옆으로 약간 납작하다. 위턱이 아래턱보다 조금 짧다. 옆줄은 불완전하며 배지느러미 앞까지만 있다. 등 쪽은 연한 녹갈색이며, 배 쪽은 은백색이다.

생태 ● 냉수어인 빙어는 바다 연안에 서식하고, 산란을 위해 강으로 소상한다. 그러나 호수나 저수지에 서식하는 육봉형은 하절기에 수심이 깊은 곳에서 지내다가 동절기가 되면서 얕은 곳으로 나온다. 서식 적온은 12~21℃의 범위로 알려져있다. 산란기는 3~4월로, 여울로 이동하여 산란한다. 만 1년이면 전장이 80~120mm로 성숙하며, 봄에 산란하고 대부분 죽는 1년생 어류이다.

분포 ● 국내의 많은 댐호와 저수지에 방류되어 서식하고 있다. 자연 분포 지역은 주로 동해 북부 하천이며, 그 밖에 부안, 군산, 강화 등에도 출현 기록이 있다. 국외에는 일본, 러시아 등에 분포한다. 금강 수계에는 영동, 옥천, 대전, 청원, 공주, 논산, 서천 등에 분포한다.

참고 ● 빙어는 1925년 당시 수산시험장이 함경남도 용흥강에서 채란을 시작한 이래 제천 의림지, 화천 파로호, 임실 운암호, 밀양 초동 저수지 등에 이식하였고, 현재는 전국의 여러 호수나 저수지에 서식하고 있다.

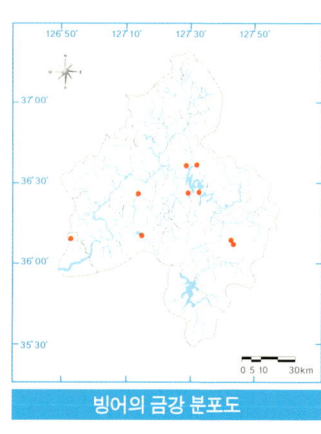

빙어의 금강 분포도

Hypomesus nipponensis McAllister

빙어

빙어 머리 부분

산란 후 죽은 빙어

은어 *Plecoglossus altivelis altivelis* Temminck and Schlegel

바다빙어목 | 바다빙어과

은어

영어명 : sweet smelt

전장 : 200~300mm

형태 및 몸색 ● 몸은 길고 옆으로 납작하며, 입이 커서 턱 끝이 눈 뒤쪽에 이른다. 위·아래턱 앞쪽에 돌기가 있고, 아래턱에도 작은 돌기가 1쌍 나타나며, 위·아래턱에 이빨이 배열되어있다. 옆줄은 완전하고 직선형이다. 등 쪽은 암녹색, 배는 은백색이고, 지느러미는 투명하다. 아가미 뒤쪽에 황색 가로줄이 있다.

생태 ● 하천에서 부화하여 연안에서 월동한 60~80mm 크기의 치어들이 3~5월에 하천으로 소상한다. 연안에서는 동물성 먹이를 먹지만, 강으로 소상하면서 돌에 붙어있는 부착 조류를 주식으로 한다. 하천의 중상류까지 올라와 성장하는데, 이때 먹이 확보를 위해 텃세를 부린다. 전장이 200~300mm에 이르는 9월 중순에서 11월 중순 사이에 하류 쪽 여울로 내려와 산란한다. 산란이 끝난 어미는 대부분 죽지만, 미성숙하여 당년에 산란하지 못한 개체들은 2년을 살기도 한다. 최근 대형 댐호에 방류된 은어들이 육봉화되어 호수와 유입 하천을 오가며 생활사를 이어간다.

분포 ● 바다로 유입하는 하천 대부분에 나타나지만, 근래 수질오염과 장애물 등으로 서식지가 매우 축소되고 있다. 중국, 대만, 일본 등에도 분포한다. 최근 금강 수계에서는 하구둑 하방과 대청호(방류)에서 채집된 바 있다.

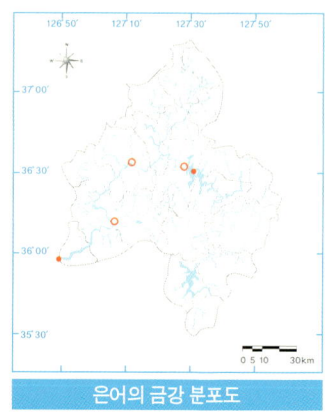

은어의 금강 분포도

Plecoglossus altivelis altivelis Temminck and Schlegel 은어

은어

은어의 주둥이

은어의 섭이 흔적   산란 후 죽은 은어

산천어

연어목 | 연어과
Oncorhynchus masou masou (Brevoort)

영어명 : trout, cherry salmon　　　　　　　　　전장 : 200~250mm

형태 및 몸색 ● 몸은 긴 방추형이고, 주둥이는 뭉뚝하며 위 · 아래턱의 길이가 같다. 등 쪽과 체측면은 담갈색인데, 등 쪽에는 작고 검은 반점이 무수히 산재한다. 측면에는 암갈색의 큰 가로무늬가 6~9개 있고, 배 쪽에는 등에 있는 반점보다 큰 암갈색 반점이 산재한다.

생태 ● 산천어는 하천에서 부화된 송어가 바다로 내려가지 않고 그 자리에서 성장한, 송어의 육봉형이다. 어린 시기의 무늬와 형태를 그대로 유지하고 있으므로 바다에서 성장한 송어와는 크기와 색채가 매우 다르며, 전장 250mm를 넘는 개체는 찾아보기 힘들다. 산란기는 9~10월이고, 산란을 위해 소상한 송어와 짝을 지어 산란행동을 하기도 한다. 물이 맑고 차며 용존산소가 풍부한 산간 계류에 서식하고, 식성은 육식성으로 수서곤충을 주로 먹는다.

분포 ● 울진 이북의 동해로 유입하는 하천 상류의 계류에 서식하고, 일본, 알래스카, 러시아 등에도 분포한다. 금강 수계에는 민주지산의 물한계곡에 방류하였다.

참고 ● 산천어는 송어보다 현저하게 작고, 생태적인 차이가 있다. 학자에 따라 송어와 산천어를 동일종으로 취급하거나 별종으로 분류하기도 한다.

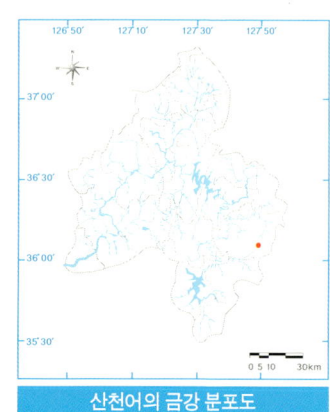

산천어의 금강 분포도

산천어

Oncorhynchus masou masou (Brevoort)

산천어 알

산천어 치어(파, parr)

송어(강해형)

무지개송어

Oncorhynchus mykiss (Walbaum)

무지개송어

영어명 : rainbow trout   전장 : 300~500mm

형태 및 몸색 ● 몸은 길고 납작한 방추형이다. 입은 크고 주둥이는 뭉뚝하다. 등쪽은 암녹색이고, 체측 중앙에는 적자색의 굵은 세로띠가 있다. 복면을 제외한 몸 전체와 등지느러미, 꼬리지느러미 등에 작은 흑색 점이 산재한다. 어린 개체의 체측면에는 7개 전후의 가로줄무늬가 나타나지만 성장하면서 희미해진다.

생태 ● 하천 상류의 물이 맑고 수온이 낮은 곳에 서식하는 육봉형이다. 육식성으로 수서곤충이나 어린 물고기 등을 포식한다. 포란 수는 보통 1430~4000개 정도이고 수정란의 크기는 4.6~5.7mm이다. 부화는 10℃ 수온에서 약 30일이 소요되며, 부화 직후의 자어는 전장이 15mm이다. 성장은 만 1년생이 120mm, 2년생이 250mm, 5년생은 500mm에 이른다.

분포 ● 북미로부터 양식용으로 도입되었는데, 양어장에서 빠져나와 일부 하천의 상류에 서식하고 있다. 열대권을 제외한 전 세계에 이식되어 사육되고 있다.

참고 ● 북미의 서부 태평양 연안과 그 유입 수계가 원산지이며, 바다로 내려가 성장한 후 산란을 위해 소상하는 소하형은 '스틸헤드(steelhead)'라 부른다. 우리나라에서는 1966년에 미국으로부터 알 30만 개를 도입하여 양식하기 시작하였다.

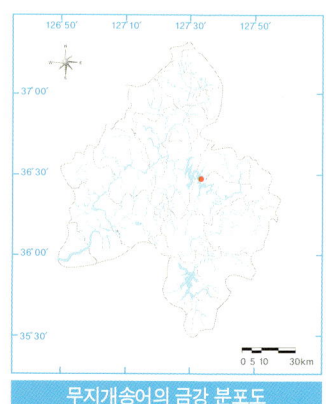

무지개송어의 금강 분포도

Oncorhynchus mykiss (Walbaum) 무지개송어

무지개송어

양식 중인 무지개송어

무지개송어 양어장

대륙송사리 *Oryzias sinensis* Chen, Uwa and Chu

대륙송사리 우

영어명 : dwarf rice fish

전장 : 30~40mm

형태 및 몸색 ● 몸은 길고 납작하며, 머리의 두정부(頭頂部)는 편평하다. 입은 작고, 위쪽을 향해 있으며, 아래턱이 위턱보다 길다. 등지느러미는 매우 뒤쪽으로 치우쳐있으며, 뒷지느러미 기부는 길다. 암컷이 수컷보다 크고 복부가 팽만하다. 수컷은 등지느러미의 5, 6번째 기조 사이가 벌어져있으며 뒷지느러미 가장자리의 거치가 암컷보다 크고 현저하다.

생태 ● 작은 연못이나 농수로 등 수초가 많고 물 흐름이 느린 곳에 주로 서식한다. 산란기는 5~7월이고, 일광 시간을 조절해주면 24~30℃ 수온 사이에서 연중 산란한다. 산란은 이른 아침에 하고, 암컷이 생식공에 10~20개 안팎의 알 덩어리를 1~2시간 동안 달고 다니다가 수초에 부착시킨다.

분포 ● 서해안 일대와 그 내륙하천에 분포한다. 중국에도 서식하고 있다. 금강 수계에는 청원, 부여, 익산, 서천 등에 서식한다.

참고 ● 대륙송사리는 송사리와 동일 종으로 취급되다가 1989년 신종으로 기재되었다. 송사리에 비해 크기가 작으며, 몸 표면에 나타난 흑색 반점도 크기가 작고 수도 적다. 그러나 산란기에는 배지느러미와 뒷지느러미가 송사리에 비해 현저하게 검어진다. 금강 수계에 서식하고 있는 종은 대륙송사리이다.

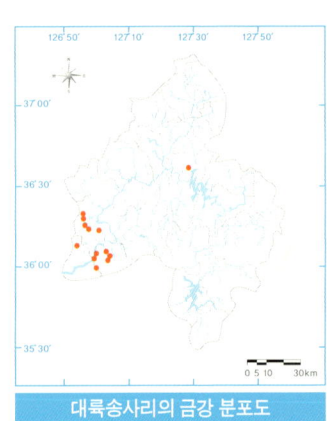

대륙송사리의 금강 분포도

대륙송사리

Oryzias sinensis Chen, Uwa and Chu

대륙송사리(♂)

송사리(♂)

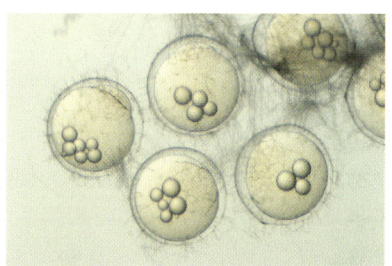
대륙송사리의 난 발생

대륙송사리 떼

드렁허리

Monopterus albus (Zuiew)

드렁허리

영어명 : ricefield swamp eel   전장 : 250~500mm

형태 및 몸색 ● 몸은 가늘고 길며 원통형이다. 머리는 작고 위턱이 아래턱보다
조금 긴데, 위턱의 후단은 눈보다 훨씬 뒤쪽까지 이른다. 눈이 작고, 옆줄은 없
으며 피부 표면에 난 홈이 아가미구멍 후단부터 몸 끝까지 이어진다. 지느러미
는 꼬리지느러미만 남아있다. 진한 갈색 반점이 몸 전체에 흩어져있고, 등 쪽은
황갈색이거나 암갈색이며 등 쪽에는 3줄의 진한 반점열이 나타난다.

생태 ● 물 흐름이 없고 진흙이 깔린 하천이나 연못, 농수로, 논 등에 서식한다.
육식성으로 어린 물고기나 수서동물 등을 먹는다. 공기호흡을 하며, 물이 마르
면 바닥의 진흙 속으로 파고들어 가기도 한다. 성장하면서 암컷이 수컷으로
성전환을 한다. 산란기는 6~7월로 추정된다.
암컷의 포란 수는 약 500개 내외이고, 진흙에
굴을 파고 산란하며 수컷이 보호 행동을 한다.
분포 ● 서해와 남해로 흘러드는 하천에 서식
하고, 국외에는 일본과 중국을 비롯하여 동남
아시아 일대에 분포하고 있다. 금강 수계에서
는 최근 청원, 부여 등에서 채집했다는 기록
이 있다.

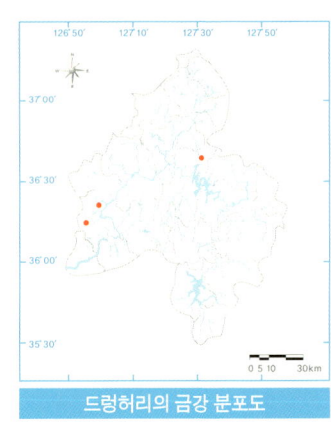

드렁허리의 금강 분포도

논산천

논산천은 전북 완주군과 충남 공주시 · 논산시 일대를 흐르는 유로 연장 57.10km의 국가하천이다. 전북 완주군 운주면 고당리 왕사봉(718.3m)에서 발원하여 장선천이 되고, 전북과 충북의 도계인 논산시 양촌면에 이르러 '논산천(인천천)'이라는 이름을 얻는다. 탑정저수지(논산저수지)를 지나 공주시 계룡면에서 남서진하는 노성천(하천 연장 22.97km)과 논산시 광석면에서 합류하고, 마산천, 어량천 등과 합류한 강경천(27.31km)은 강경에서 논산천과 만나 금강에 유입된다.

1	
2	3

1 강경천 하류
2 논산천 탑정저수지
3 논산천 하류

둑중개

쏨뱅이목 | 둑중개과
Cottus koreanus Fujii, Yabe and Choi

둑중개 ♂

영어명 : yellow fin sculpin   전장 : 100~150mm

형태 및 몸색 ● 몸은 원통형이고, 머리는 위아래로 약간 납작하며, 미병부는 옆으로 납작하다. 주둥이는 짧고, 입은 크고 넓적하다. 비늘은 없다. 몸색은 황갈색이고 측면에 5~6개의 넓은 암갈색 가로무늬가 있으며, 담갈색의 반문이 산재한다. 수컷의 배지느러미는 노란색 바탕에 흰색 점무늬가 현저하다.

생태 ● 하천의 최상류에 서식하는 냉수성 어류이다. 육식성으로 수서곤충을 주로 먹는다. 산란기는 수온이 10~11℃ 범위인 3월 중순~4월 중순이다. 하천 가장자리 큰 돌 밑에 산란장을 형성하며 수컷이 알을 보호한다. 성장은 수컷 1년생이 체장 40~55mm, 2년생이 55~70mm, 3년생이 70~90mm, 4년생이 90~110mm이며, 암컷은 1년생이 체장 30~50mm, 2년생이 50~65mm, 3년생이 65~85mm, 4년생이 85mm 이상이다.

분포 ● 주로 한강과 임진강의 최상류에 분포하고 있다. 금강 수계에서는 1972년 무주남대천에서 채집된 기록이 있으며 그 이후로는 보고된 적이 없다.

참고 ● 종전까지 *Cottus poecilopus*로 분류하였으나 Fujii 등(2005)이 형태적 차이점 등을 들어 신종으로 기재하였다.

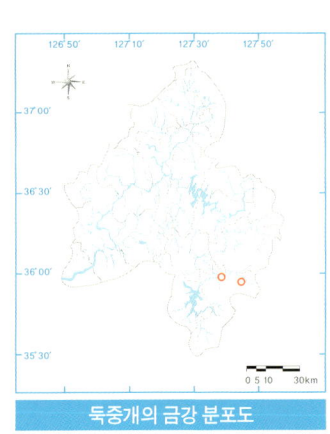

둑중개의 금강 분포도

Cottus koreanus Fujii, Yabe and Choi

둑중개

둑중개

둑중개의 입

둑중개 미성어

꺽정이

Trachidermus fasciatus Heckel

꺽정이

영어명 : rough skin sculpin   전장 : 100~170mm

형태 및 몸색 ● 몸은 길고 앞쪽이 굵으며, 머리는 위아래로 납작하고 미병부로 갈수록 옆으로 납작해진다. 입은 커서 턱 끝이 눈 뒤쪽 선상에 있으며, 전새개골의 뒤쪽 가장자리에는 4개의 가시가 있다. 등 쪽은 흑갈색이고, 배 쪽은 담황색이다. 제1등지느러미 쪽부터 꼬리지느러미 기부까지 4~5개의 흑색 가로무늬가 나타나고, 희미한 얼룩무늬가 산재해 있다. 등지느러미, 가슴지느러미, 꼬리지느러미에는 흑색 점이 열을 지어 있다.

생태 ● 바닥에 모래나 자갈이 깔린 하천 중류에 서식하며, 밤에 갑각류 등을 잡아먹는다. 11월경 수온이 떨어지면 하류 지역으로 내려온다. 2~3월경에 하구나 간석지에서 산란하고, 수컷이 알을 보호한다. 부화하면 하구 부근에서 부유 생활을 하다가 4~5월경에 하천으로 소상한다. 만 1년에 120mm, 2년에 170mm까지 성장한다.

분포 ● 서해와 남해로 유입하는 하천의 중류와 하류에 서식한다. 국외에는 중국과 일본에 분포한다. 금강 수계에서는 본류의 하류 지역에 서식한다.

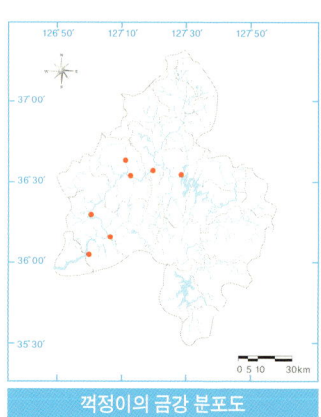

꺽정이의 금강 분포도

용담호(용담다목적댐)

용담다목적댐은 전주권을 포함한 서해안 지역에 용수를 공급하고 하류 지역 홍수 피해를 경감시킬 목적으로 금강 상류에 건설되었다. 이 댐은 표면 차수벽형 석괴식 댐으로, 1990년 12월 착공하여 2001년 12월에 완공되었다. 댐의 높이는 70m, 길이는 498m이며, 총 저수량은 8억 1500만 톤, 유역 면적은 930km²이다. 연간 6억 5040만 톤의 용수를 공급하고, 1억 3700만 톤의 홍수를 조절할 수 있는 저장 용량이 있으며, 연간 198.5GWh의 전력을 생산하고 있다. 그러나 본 댐의 담수로 인해 유수성 하천이 정수성 호수로 변하고 감돌고기의 서식처가 파괴되는 등 하천 생태계의 변화를 야기하기도 했다.

1 2
3

1, 2 전북 진안군 용담호
3 용담댐

쏘가리

Siniperca scherzeri Steindachner

쏘가리

영어명 : mandarin fish   전장 : 200~400mm

형태 및 몸색 ● 몸통과 머리는 길고 옆으로 납작하며, 주둥이는 뾰족하다. 아래턱이 위턱보다 길며 비늘은 작고, 옆줄은 완전하다. 몸색은 황갈색 바탕에 암갈색무늬가 몸 전체에 흩어져있고, 등지느러미, 뒷지느러미, 꼬리지느러미에도 작은암갈색 반점이 산재한다.

생태 ● 큰 강의 중류 또는 중상류의 바위가 많고 물이 흐르는 지역에 서식하고, 대형 댐호에서도 적응하여 산다. 주로 밤에 활동하는 야행성이며, 육식성으로어식성이 매우 강하다. 산란기는 5~7월이다. 1년에 전장 80mm, 2년에150mm, 3년에 200mm까지 성장하고, 만 4~6년이면 300mm 내외에 이른다.

분포 ● 전국의 서해와 남해로 유입되는 하천에 서식한다. 중국에도 분포한다. 금강 수계에는 진안, 영동, 옥천, 공주 등에 서식한다.

참고 ● 북한강 유역에서 많이 출현하는 황쏘가리는 색소 퇴화에 의한 백자(albino)이다. 이러한 형질은 유전되며, 정상 쏘가리와 함께산란할 경우 갈색이 섞인 중간형도 나타난다. 한강 일원에 서식하는 황쏘가리는 천연기념물 190호로 지정하여 보호하고 있다.

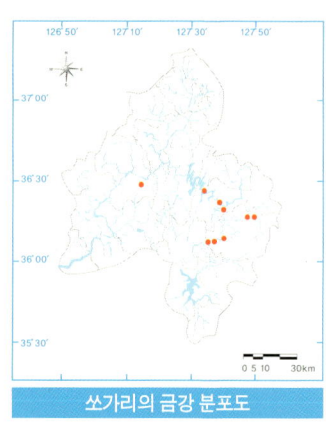

쏘가리의 금강 분포도

쏘가리

Siniperca scherzeri Steindachner

쏘가리 　　　　　　　　　돌 틈에 몸을 숨긴 쏘가리

1년생 쏘가리

황쏘가리

꺽지

Coreoperca herzi Herzenstein

꺽지

영어명 : Korean aucha perch   전장 : 100~200mm

형태 및 몸색 ● 몸은 체고가 높은 타원형이고, 머리는 크며, 주둥이는 뾰족하다. 입이 커서 위턱의 뒤 끝이 눈 뒤쪽 선까지 이르고, 아래턱이 위턱보다 길다. 아가미덮개의 위쪽 끝에는 청록색 반점이 있다. 몸색은 바탕이 갈색 또는 녹갈색이고 체측면에 7~8개의 흑색 가로무늬가 있으며 담백색의 작은 반점이 흩어져있다. 몸색의 변화가 비교적 심한 편이다.

생태 ● 하천 중상류의 물이 맑고 큰 돌이나 자갈이 많은 곳에 서식한다. 육식성으로 수서곤충, 작은 물고기 등을 먹는다. 산란기는 5~6월로, 수컷이 세력권을 형성한 다음 암컷을 불러들여 암컷이 돌 밑면에 산란하면 수컷이 알과 자어를 보호한다. 성장은 만 1년생이 60~80mm, 2년생이 100~140mm까지 성장한다.

분포 ● 한국 고유종으로 우리나라 대부분 하천의 중상류에 서식한다. 영동 북부 하천에 출현하는 꺽지는 이식된 것이다. 금강 수계에는 장수, 진안, 무주, 영동, 옥천 등에 서식한다.

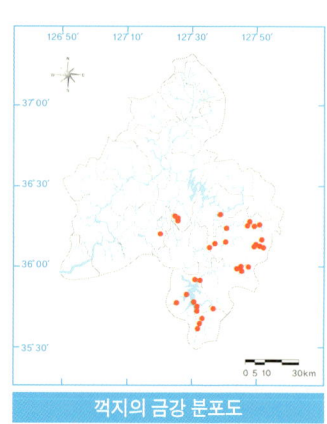

꺽지의 금강 분포도

블루길

Lepomis macrochirus Rafinesque

대청호에서 포획된 블루길

블루길의 산란행동

블루길 둥지와 수컷의 알 보호

배스

농어목 | 검정우럭과
Micropterus salmoides (Lacepède)

178

영어명 : largemouth bass   전장 : 300~500mm

형태 및 몸색 ● 몸은 방추형이고 체고는 높지 않다. 머리와 입은 크고 아래턱이 위턱보다 길다. 등 쪽이 암녹색이고, 체측면 중앙에는 희미한 흑색으로 세로줄 무늬와 불규칙한 반문이 있다.

생태 ● 하천이나 호수의 물 흐름이 거의 없거나 느린 곳에 서식한다. 수서곤충, 새우, 어류, 개구리 등을 섭식하는 탐식성이다. 산란기는 5월경이며, 수컷이 접시 모양의 둥지를 만들어 여러 마리의 암컷과 산란한다. 둥지 하나당 평균 4000마리의 자어가 있는 것으로 알려져있다. 산란 후에 수컷은 알과 자어뿐 아니라 20~30mm로 자랄 때까지 치어를 보호한다. 성장은 만 1년생이 평균 165mm, 2년생이 225mm, 3년생이 255mm, 4년생이 300mm이고, 7년생은 400mm에 달한다.

분포 ● 원산지는 북미 지역이다. 우리나라의 여러 강과 호수, 저수지 등에 정착하여 서식하고 있다. 금강 수계에는 옥천, 청원 등에 서식한다.

참고 ● 1973년 30~40mm의 치어 500미를 미국으로부터 도입하여 자원 조성용으로 방류하였다. 블루길과 마찬가지로 왕성한 번식력과 탐식성 때문에 국내 수중 생태계를 심하게 교란시키는 관계로 생태계교란야생동 · 식물로 지정하였다.

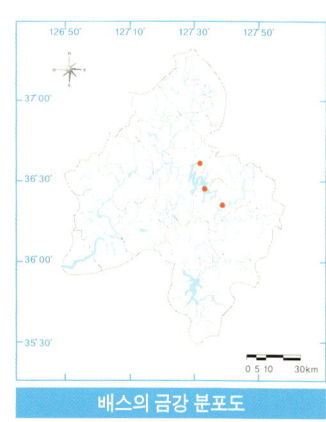

배스의 금강 분포도

Micropterus salmoides (Lacepède)

배스

산란소를 지키는 배스

포획된 배스

수컷의 보호를 받고 있는 배스 치어(전장 20~25mm)

강주걱양태

강주걱양태

영어명 : dragonet fish　　　　　　　　　　전장 : 50~70mm

형태 및 몸색 ● 머리는 위아래로 심하게 납작하고, 몸통 역시 제2등지느러미 전단부까지 납작하며 이후는 원통형이다. 눈은 큰 편이고, 위턱이 아래턱보다 길다. 아가미덮개의 전새개골은 노출되어있으며 끝이 3~5개로 갈라진 작은 거치가 있다. 눈 뒤 가슴지느러미의 등 쪽에 아가미구멍이 1쌍 있다. 배지느러미는 가슴지느러미의 마지막 연조와 막으로 연결되어 복부를 감싸고 있다. 몸색은 머리와 등 및 체측 상부는 갈색이고, 등 쪽에는 흰색 반점이 산재한다. 제1등지느러미는 흑색이고, 가슴지느러미, 배지느러미, 꼬리지느러미에는 작은 반점이 흩어져있다.

생태 ● 강 하류나 기수역의 모래 바닥에 살며 모래 속에 잘 숨는다. 저서동물을 먹는다. 생태나 생활사에 대해서는 알려진 것이 거의 없다.

분포 ● 우리나라에는 한강, 임진강, 금강, 동진강 등의 하류나 하구에 나타나며, 국외에는 중국 남부 등에 분포한다. 금강 수계에는 부여, 논산, 강경 등의 금강 하류에 서식한다.

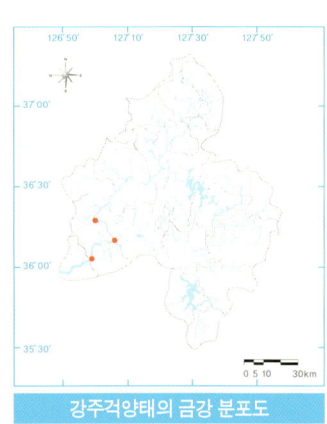

강주걱양태의 금강 분포도

대청호(대청다목적댐)

대청다목적댐은 대전, 청주 등 대도시에 용수를 공급하고 강경, 논산 지역에 관개용수를 공급하기 위하여 금강 수계에 처음으로 건설된 대형 다목적댐이다. 1975년 3월에 착공하여 1981년 6월에 완공되었다. 댐 높이 72m, 길이 495m이고, 총 저수량은 14억 9000만 톤, 유역 면적은 4134km²이다. 이 댐은 연간 16억 5000만 톤의 용수 공급 능력과 2억 5000만 톤의 홍수 조절 용량을 지니고 있으며, 발전 시설 용량은 9만 kW로 연간 196~240GWh의 전력을 생산하고 있다. 그러나 대청호는 부영양화로 인해 녹조 현상이 발생하고 상류와 하류의 생태계를 단절시켰으며 주변 지역 안개 일수가 증가하는 등 문제점도 내포하고 있다.

1	1 충북 청원군 현암정에서 본 대청호
2 3	2 대청호
	3 대청댐

동사리

Odontobutis platycephala Iwata and Jeon

농어목 | 동사리과

동사리

영어명 : Korean dark sleeper   전장 : 80~150mm

형태 및 몸색 ● 몸통은 굵고 위아래로 약간 납작한 타원형이며, 미병부로 가면서 가늘어진다. 머리는 위아래로 납작하고, 눈은 작으며 위쪽에 위치한다. 입은 크고, 아래턱이 위턱보다 길다. 몸색은 회흑색이며, 제1등지느러미 기저의 후방부터 제2등지느러미 기저의 전방 사이, 제2등지느러미 기저의 후부, 꼬리지느러미 기저 앞에 커다란 흑색 가로무늬가 있다.

생태 ● 하천의 중상류 또는 상류에서 주로 돌 밑에 숨어 지낸다. 수서곤충, 어린 물고기 등을 먹는 육식성이다. 산란기는 5~6월이고, 유속이 40cm/sec 정도에 수심이 40cm가 넘지 않는 큰 돌 밑에 원형으로 알을 붙인다. 수컷은 세력권을 가지고 알 보호 행동을 한다. 세력권 방어와 알 보호시 독특한 경고음을 내거나 사납게 물어뜯어 침입자를 물리친다. 알은 긴 타원형이고, 난황은 반투명한 황색이며, 여러 개의 유구를 가지고 있다. 성장도는 자세히 알려지지 않았다.

분포 ● 영동 북부의 동해 유입 하천을 제외하고 전국적으로 분포한다. 한국 고유종이다. 금강 수계에는 장수, 진안, 무주, 금산, 영동, 천안, 연기 등에 서식한다.

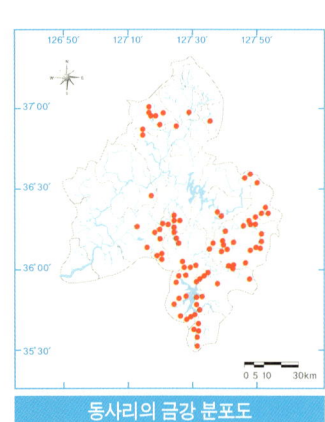

동사리의 금강 분포도

Odontobutis platycephala   Iwata and Jeon   동사리

동사리

동사리 머리 부분

수컷의 알 보호

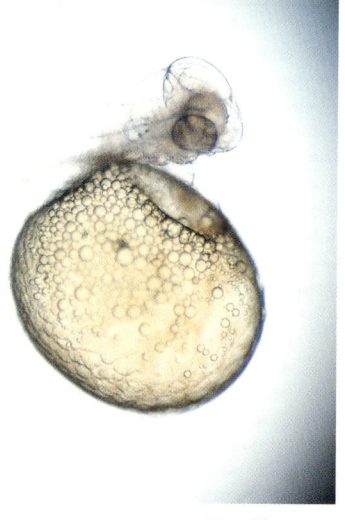

부화 직후 동사리

얼룩동사리

Odontobutis interrupta Iwata and Jeon

얼룩동사리

영어명 : dark sleeper   전장 : 80~160mm

형태 및 몸색 ● 몸 중앙부는 굵은 원통형이고, 미병부는 가늘다. 머리는 위아래로 납작하지만 동사리보다는 심하지 않다. 눈은 작고 머리 위쪽에 위치하며, 입은 크고 아래턱이 위턱보다 길다. 몸색은 회흑색이며, 체측면에는 제1등지느러미 기저의 중앙, 제2등지느러미 기저의 후단, 그리고 미병부 후단에서 시작되는 검고 큰 가로 반문이 있다.

생태 ● 서식지는 하천 중상류부터 하류역까지이며 댐호에도 서식한다. 유속이 완만하고 수초나 돌이 있는 지역을 선호하며, 수서곤충이나 어린 물고기 등을 먹는다. 산란기는 5월 초부터 6월 말이고, 성기는 수온이 19~21℃ 범위인 5월 중순경이다. 수컷은 산란 전 세력권을 가지며, 산란장을 청소하고 암컷을 유인하여 복면을 위로 한 자세로 산란한 후 보호 행동을 한다. 알은 돌 밑면에 단층, 원형으로 부착하는데, 산란 수는 400~4000개 범위이다. 성장은 만 1년생이 전장 40~70mm, 2년생이 70~ 110mm, 3년생은 110~140mm까지 성장한다.

분포 ● 금강 이북의 서해 유입 하천에 분포하는 한국 고유종이다. 금강 수계에는 청원, 공주, 청양, 부여 등에 서식한다.

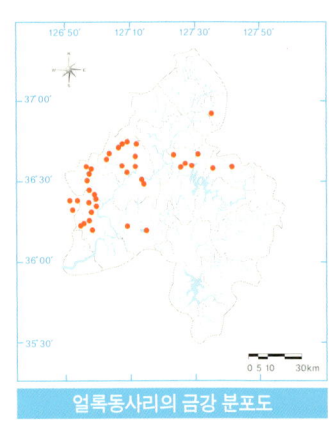

얼룩동사리의 금강 분포도

Odontobutis interrupta Iwata and Jeon 얼록동사리

얼록동사리

얼록동사리 머리 부분

수컷의 알 보호

얼록동사리 서식지 ‖ 충남 공주시 유구천

좀구굴치

Micropercops swinhonis (Günther)

좀구굴치 ♂

전장 : 40~50mm

형태 및 몸색 ● 몸이 작고 상반부가 굵은 편이다. 입은 위를 향하고 아래턱이 위턱보다 길다. 몸색은 황갈색 또는 회갈색이고, 눈 하단부에 암색 줄무늬가 있다. 체측면에는 8~10개의 암갈색 가로무늬가 나타난다. 제2등지느러미와 꼬리지느러미에 5~6개의 반점 열이 있다. 수컷은 복면과 배지느러미, 뒷지느러미, 꼬리지느러미 기부에 노란색이 진하게 나타나며, 몸 측면에 가로무늬가 현저하다.

생태 ● 유속이 느리고 수초가 많은 하천에 서식한다. 요각류, 실지렁이, 깔따구 유충 등 작은 수서동물을 주로 먹는 육식성이다. 산란기인 4~5월에 수컷은 돌 밑이나 수초에 산란장을 형성하고 암컷을 유인하며, 암컷이 산란하면 알을 보호하는 행동을 한다.

분포 ● 우리나라에는 전라남북도, 충청남도 및 경기도 등의 서해로 유입되는 독립 소하천에서 주로 발견된다. 금강 수계에서는 부여와 서천에 서식하고 있다. 중국에도 분포한다.

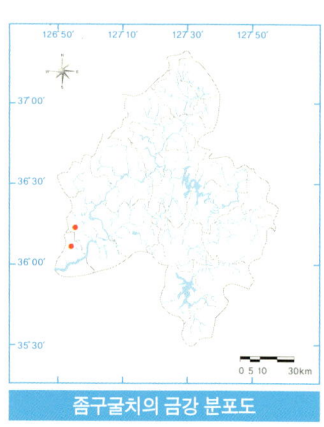

좀구굴치의 금강 분포도

Micropercops swinhonis (Günther)

좀구굴치

좀구굴치(우)

좀구굴치(♂)

꾹저구

Gymnogobius urotaenia (Hilgendorf)

꾹저구

영어명 : floating goby　　　　　　　　　　　전장 : 100~120mm

형태 및 몸색 ● 머리는 넓고 편평하며 위아래로 납작하고, 몸통은 옆으로 약간 납작하다. 입이 커서 위턱의 후단이 눈 후연에 미친다. 머리에 비늘이 없고 옆줄은 없다. 배지느러미는 좁고 긴 빨판을 형성한다. 몸색은 녹갈색 바탕에 7~9개의 검은 반점이 체측 중앙에 나타나며, 등 쪽에도 구름 모양의 반점이 있다. 제1등지느러미의 가장자리에 검은색 반문이 있으며, 등지느러미와 꼬리지느러미에는 4~5줄의 줄무늬가 있고, 가슴지느러미에는 반문이 없다. 등지느러미와 뒷지느러미, 꼬리지느러미 가장자리는 흰색이고, 나머지 부분은 반점들이 침적되어 담흑색을 띤다.

생태 ● 강 하구의 유속이 빠르고 자갈이 깔린 담수역에 서식하며 때때로 중류역까지 올라온다. 수서곤충을 섭식하는 육식성 어류이다. 산란기는 5월경으로 추정되며 부화된 자어는 연안으로 내려가 성장한 후 7월경에 소상한다.

분포 ● 전국의 바다로 유입하는 하천 하류에 서식하며, 내륙 하천이나 대형 댐호에도 적응하여 살고 있다. 일본과 시베리아 등지에도 분포한다. 금강 수계에는 부여, 논산 등에 서식한다.

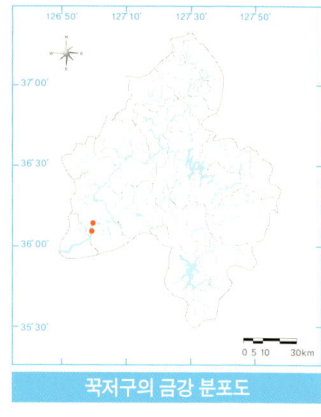

꾹저구의 금강 분포도

꾹저구

Gymnogobius urotaenia (Hilgendorf)

꾹저구

꾹저구 머리 부분

꾹저구 알

갈문망둑

Rhinogobius giurinus (Rutter)

갈문망둑

영어명 : paradise goby

전장 : 50~60mm

형태 및 몸색 ● 몸의 앞부분은 굵은 원통형이고, 머리는 위아래로 납작하며, 뒤쪽은 옆으로 납작하다. 작은 눈은 머리 앞쪽과 등 쪽으로 치우쳐있다. 배지느러미 빨판은 타원형으로 원형인 밀어와 구분된다. 몸색은 담갈색이며 뺨에 구불구불하고 진한 갈색 줄무늬가 나타난다. 몸 측면 중앙에 눈 크기만 한 갈색 반점들이 배열되어있고, 등 쪽에도 갈색 구름무늬가 있다. 등지느러미와 꼬리지느러미에는 지느러미 살을 가로지르는 줄무늬가 여러 개 나타난다.

생태 ● 하천 하류나 기수역의 자갈 바닥에 서식하는데, 빨판의 부착력이 약해 유속이 느린 곳에 많이 나타난다. 잡식성이지만 주로 수서곤충을 먹는다. 돌의 밑면에 산란하고, 수컷이 보호한다. 만 1년이면 30mm 이상으로 자라 성어가 된다.

분포 ● 우리나라 전역의 하천 하류에 나타나며 내륙의 호수나 저수지 등에도 서식한다. 중국, 일본 등에도 분포한다. 금강 수계에는 옥천, 보은, 대전, 청원, 익산 등에 서식한다.

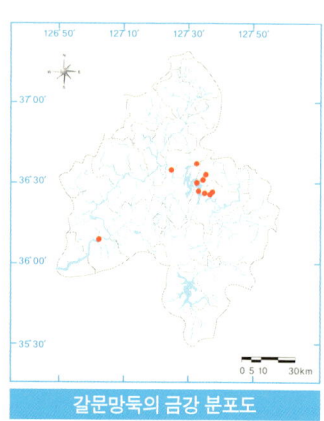

갈문망둑의 금강 분포도

Rhinogobius giurinus (Rutter)

갈문망둑

갈문망둑

갈문망둑 머리 부분

밀어

Rhinogobius brunneus (Temminck and Schlegel)

밀어(등황밀어, ♂)

영어명 : common freshwater goby   전장 : 50~70mm

형태 및 몸색 ● 머리는 위아래로 약간 납작하고, 몸은 원통형이다. 주둥이의 외연은 둥글고, 입은 크며 위턱이 아래턱보다 약간 길다. 눈 앞쪽으로 붉은색 반문이 V자 모양으로 뚜렷하게 나타난다. 배지느러미는 원형의 빨판을 형성한다. 머리 크기와 제1등지느러미 길이 등에서 암컷과 수컷의 성적이형이 현저하다. 수컷 사이에서도 제1등지느러미가 긴 형과 짧은 형이 있다.

생태 ● 자갈이 깔린 여울에 주로 서식하면서 수서곤충이나 부착 조류 등을 먹는다. 산란기는 5~6월이며, 수컷이 돌 밑에 산란실을 만들고 알을 보호한다. 부화 자어는 호수(육봉형)나 바다로 떠내려간 지 약 50~60일이 지나 전장이 20mm쯤 되면 하천으로 소상하여 저서생활을 시작한다. 만 1년에 30~40mm 전후로 자라 성어가 되고, 2년생은 40~50mm, 3년생은 50~65mm까지 성장한다.

분포 ● 전국의 담수역에 서식하고, 중국, 대만, 일본 등에도 분포한다. 금강 수계에도 상류를 제외한 대부분 지역에 서식하고 있다.

참고 ● 금강에는 주연성과 육봉형이 함께 나타난다. 한국산 밀어는 등황밀어, 파랑밀어, 무늬밀어, 검정밀어 등 연구자에 따라 3~4가지 형으로 보고된 바 있다.

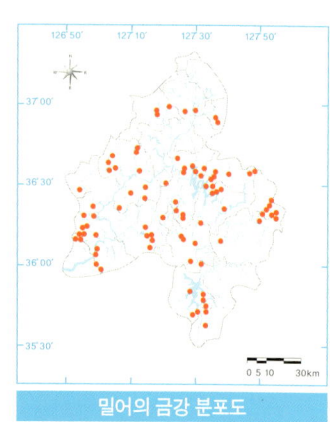

밀어의 금강 분포도

Rhinogobius brunneus (Temminck and Schlegel)

밀어(등황밀어, ♀)

알 보호 행동

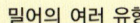

밀어의 여러 유형

파랑밀어(♂)

무늬밀어(♂)

등황밀어(♂)
제1등지느러미가 짧은 형

민물두줄망둑

농어목 | 망둑어과
Tridentiger bifasciatus
Steindachner

194

민물두줄망둑

전장 : 60~80mm

형태 및 몸색 ● 몸길이는 짧은 편이다. 몸통의 전반부는 원통형이며 후반부로 가면서 옆으로 약간 납작해진다. 머리는 위아래로 납작한 편이고, 주둥이는 짧으며 끝이 뭉뚝하다. 몸색은 갈색이며 측면에 암갈색 세로줄이 2줄 있다. 아가미덮개에는 흰 반점이 산재하고, 등지느러미의 외연은 노란색이다. 개체에 따라 몸색이나 반문의 선명도 등에 변이가 심하다.

생태 ● 강 하구의 기수나 담수역에 서식한다. 육식성으로 주로 수서동물을 먹는다. 생태나 생활사에 대해서는 알려진 것이 거의 없다.

분포 ● 서해와 남해로 흐르는 강 하구의 기수나 담수에 서식하고, 중국, 일본, 러시아에도 분포하고 있다. 금강 하류에 서식한다.

참고 ● 두줄망둑(*T. trigonocephalus*)보다 민물에 더욱 잘 적응한 종이다. 아가미덮개에 나타나는 조밀한 반점과 가슴지느러미 제1연조의 돌기가 없으며, 두부와 복부의 백색 반점 등으로 두줄망둑과 구별된다.

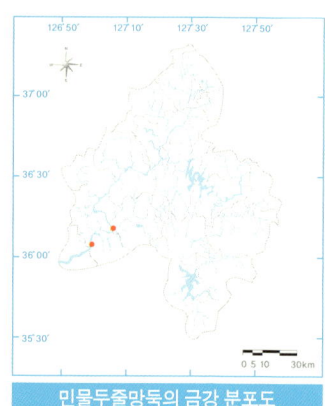

민물두줄망둑의 금강 분포도

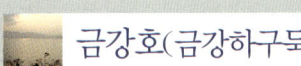

금강호(금강하구둑)

전북 군산시 성산면 성덕리와 충남 서천군 마서면 도삼리를 잇는 금강하구둑은 금강 연안 농경지의 염해 방지와 홍수 조절, 그리고 용수 확보를 위해 1983년 12월에 착공하여 1990년 10월에 완공되었다. 총 길이는 1841m로, 방조제 1127m와 갑문 714m로 구성되어 있다. 금강하구둑에는 어도가 설치되어있으나 회유성 어류의 이동이 어려워 둑을 중심으로 수중 생태계가 단절되는 현상이 나타나고 있다. 한편 하구둑에 의해 금강호가 형성된 후 수많은 겨울 철새들이 찾아와 거대한 철새 도래지가 되었다.

1	
2	3

1 금강 하구둑
2 금강호
3 금강 하구둑 하방

195

민물검정망둑

농어목 | 망둑어과
Tridentiger brevispinis
Katsuyama, Arai and Nakamura

민물검정망둑 ♂

영어명 : trident goby

전장 : 70~100mm

형태 및 몸색 ● 몸통은 굵고, 전반부는 원통형, 후반부는 약간 납작하다. 머리는 위아래로 약간 납작하고, 주둥이는 짧고 뭉툭하며, 위턱과 아래턱의 길이는 같다. 머리 부위에는 비늘이 없다. 몸색은 자줏빛이 나는 진한 흑색인데, 뺨에 담색 반점이 산재한다. 가슴지느러미 기부에 밝고 뚜렷한 황색의 초승달 무늬가 나타난다.

생태 ● 담수역의 자갈과 돌이 많은 지역에 서식한다. 잡식성이지만 수서곤충 등을 주로 먹는다. 산란기는 5~6월이다. 산란할 때는 돌 밑에 알을 붙이고, 수컷은 알이 부화할 때까지 보호한다.

분포 ● 우리나라에서는 연안으로 유입되는 하천의 담수역에 서식하며 내륙에 위치한 소양호나 대청호 등에도 서식하고 있다. 일본에도 분포한다. 금강 수계에는 옥천, 보은, 대전, 청원, 청주, 논산 등에 서식한다.

참고 ● 검정망둑의 수컷은 제1등지느러미의 가장 긴 기조가 제2등지느러미의 중간을 지날 정도로 길지만, 민물검정망둑은 제2등지느러미의 전단을 약간 넘는다.

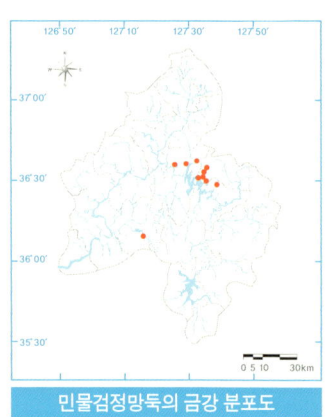

민물검정망둑의 금강 분포도

Tridentiger brevispinis
Katsuyama, Arai and Nakamura

민물검정망둑

민물검정망둑(♀)

민물검정망둑

민물검정망둑 서식지 ‖ 충남 논산시 논산천

버들붕어

Macropodus ocellatus Cantor

버들붕어

영어명 : round tailed paradise fish   전장 : 50~70mm

형태 및 몸색 ● 몸은 긴 타원형이며 납작하다. 머리는 크고, 아래턱이 위턱보다 길며 돌출되어있다. 입은 작고, 비스듬히 위쪽을 향한다. 등지느러미와 뒷지느러미의 기저는 매우 긴데, 등지느러미 끝에서 2번째 연조와 뒷지느러미 끝에서 3~4연조가 아주 길어서 암컷은 꼬리지느러미의 절반에 이르고, 수컷은 거의 끝에 이른다. 배지느러미의 2번째 연조도 다른 연조에 비해 길며 수컷은 더욱 길다. 몸색은 등 쪽이 암갈색이며, 아가미덮개 끝에는 청록색 반점이 있다. 생식 행동시 수컷은 몸색이 매우 화려해진다.

생태 ● 연못, 늪, 농수로 등 물 흐름이 없고 수초가 많은 곳에 서식한다. 아가미와 함께 상새기관을 지니고 있어, 저산소 환경에 대한 저항력이 강하다. 먹이는 소형 수서동물 등을 주로 먹는다. 산란기는 6~7월이다. 수컷은 수표면에 기포소를 만든 후 암컷을 감싸안고 몸을 뒤집어 그 안에 산란하며, 알과 자어를 적극적으로 보호한다. 전장 50mm 전후에 성어가 된다.

분포 ● 영동 북부를 제외하고 전국 대부분에 분포한다. 중국과 일본에도 분포하며 일본의 버들붕어는 우리나라에서 이입되었다. 금강 수계에는 상주, 연기, 공주, 익산 등에 서식한다.

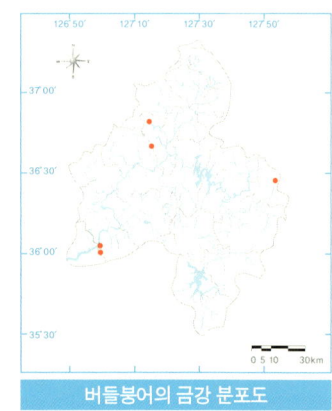

버들붕어의 금강 분포도

Macropodus ocellatus Cantor

버들붕어

버들붕어의 산란

수컷의 자어 보호

가물치

Channa argus (Cantor)

가물치

영어명 : snakehead   전장 : 300~600mm

형태 및 몸색 ● 몸은 길고 원통형이다. 머리는 위아래로, 꼬리자루는 옆으로 납작하다. 아래턱이 위턱보다 길고, 턱에는 날카로운 이빨이 있다. 옆줄은 완전하고, 등지느러미와 뒷지느러미의 기저부는 길며, 꼬리지느러미는 원형이다. 몸색은 담녹색 바탕에 암녹색으로 큰 반문이 배열되어있으며, 등지느러미와 꼬리지느러미 기저에도 반문이 나타난다.

생태 ● 서식지는 물 흐름이 없는 하천, 호수, 저수지 등의 만입부나 연못과 늪의 수초가 우거진 얕은 지역으로, 물이 탁하고 진흙 바닥인 곳을 좋아한다. 식성은 육식성으로 수서곤충, 물고기, 개구리 등을 먹는다. 상새기관으로 공기호흡을 함께 하므로 용존산소가 부족하거나 수온이 높은 곳에서도 살 수 있다. 산란기는 6~7월이며, 수초를 사용하여 직경 1m 가량의 둥지를 물 표면에 만든 후 산란한다. 성장은 1년에 전장 250mm, 2년에 300~350mm, 4년에 450mm에 달한다.

분포 ● 거의 전국적으로 분포한다. 중국과 일본에도 서식하는데, 이들은 우리나라에서 이입된 것이다. 금강 수계에는 진안, 영동, 보은, 논산 등에 서식한다.

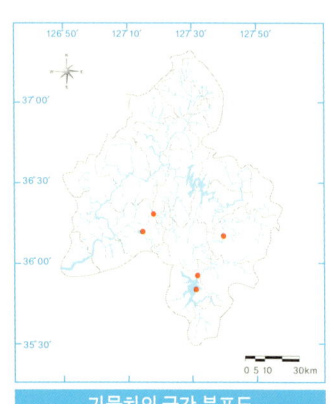

가물치의 금강 분포도

가물치

Channa argus (Cantor)

가물치

어린 가물치

가물치 머리 부분. 턱에 난 이가 보인다.

공기호흡하는 가물치

3부

천연기념물과 위기에 처한 민물고기

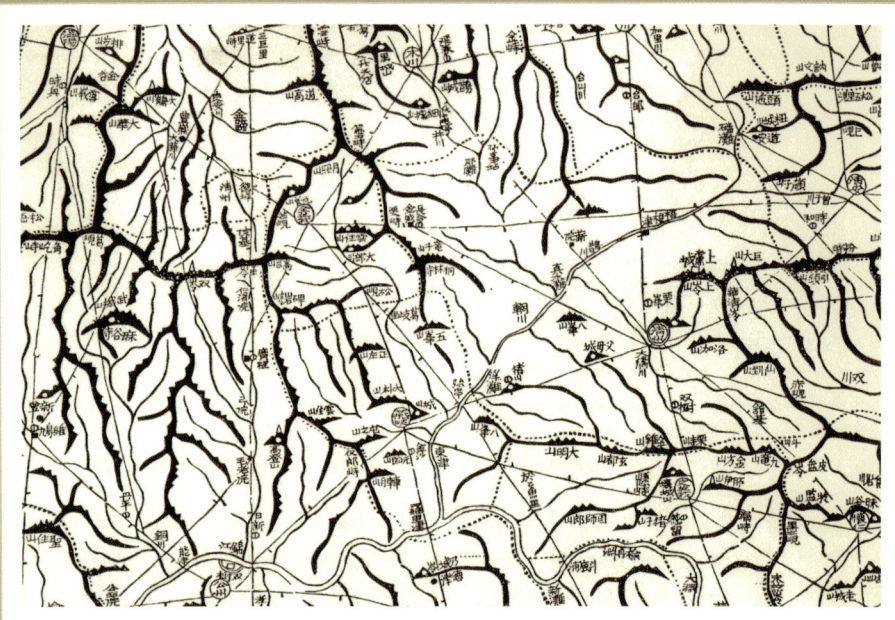

대동여지도(大東輿地圖, 金正浩, 1861), 금강 중류와 미호천 일대

한국의 천연기념물 _ 어류

  우리나라는 문화재보호법 제2조 1항에 따라 동물(서식지, 번식지, 도래지를 포함), 식물(자생지를 포함), 광물, 동굴, 지질, 생물학적 생성물 및 자연현상으로서 역사적, 경관적, 또는 학술적 가치가 큰 것을 천연기념물로 지정하여 보호하고 있다. 어류와 관련된 천연기념물은 모두 9건이 지정되었다.

● 천지연 무태장어 *Anguilla marmorata* 서식지

천연기념물 제27호(1962. 12. 3)

제주도 서귀포시 천지연 일대(269,690m²)

제주도의 하천은 무태장어가 살 수 있는 북한계선이고, 무태장어는 우리나라에서 매우 드물게 발견되는 어류이므로 천지연 일대의 무태장어 서식지가 천연기념물로 지정되었다.

● **정암사 열목어** *Brachymystax lenok tsinlingensis* **서식지**

천연기념물 제73호(1962. 12. 3)

강원도 정선군 고한읍 고한리 산 213-1 외(2,355,580m²)

정암사의 열목어 서식지는 열목어의 남한계선에 해당되고, 계곡과 숲이
잘 발달되어있어, 열목어가 서식하기에 좋은 환경이므로 천연기념물로
지정되었다.

● **봉화군 석포면 열목어** *Brachymystax lenok tsinlingensis* **서식지**

천연기념물 제74호(1962. 12. 3)

경북 봉화군 석포면 대현리 266외(24,288,323m²)

낙동강 수계에서는 유일한 열목어 분포지이고, 정암사의 열목어 서식지
와 함께 서식지 남한계선에 해당된다. 광산 개발과 남획으로 한때 서식
개체군이 사라지기도 하였으나 현재는 다소 복원된 상태이다.

● **한강의 황쏘가리** *Siniperca scherzeri*

천연기념물 제190호(1967. 7. 11)

한강 일원

쏘가리와 동일 종이지만 돌연변이에 의해 흑색소가 퇴화해 몸 색깔이 황색을 띤다. 아름답고 희귀한 유전자원을 보존하기 위해 천연기념물로 지정하였다. 북한강 상류 지역에서 비교적 높은 빈도로 발견된다.

● **금강의 어름치** *Hemibarbus mylodon*

천연기념물 제238호(1972. 5. 1)

충북 옥천군 이원면부터 금강 상류

금강의 어름치는 서식 개체 수가 적어 보호해야 할 천연기념물로 지정되었다. 과거에 한강과 금강이 연결되어있었음을 시사하는 지표 어종이기도 하다. 그러나 1980년대 이후 금강에서 어름치가 더 이상 발견되지 않고 있어 금강의 어름치는 사라진 것으로 추정하고 있다.

● **무태장어** *Anguilla marmorata*

천연기념물 제258호(1978. 8. 18)

전국 일원

약 2m까지 성장하는 무태장어는 몸 바탕이 황갈색이고 불규칙한 암갈색

무늬와 반점들이 산재한다. 민물에 올라와 5~8년 동안 자라 성숙한 후 바다로 이동하여 산란하고, 부화 후 다시 민물에서 성장하는 강하성 어류이다. 아프리카 동부 연안에서 인도양 동북부, 그리고 태평양 동북부인 한국 남부를 비롯하여 일본, 대만, 중국, 필리핀, 뉴기니 등 열대 및 아열대 수역에 광범위하게 분포한다. 우리나라는 무태장어의 서식지 북방 한계선에 해당하므로 학술적으로 중요시되며, 서식 개체 수도 매우 적고 희귀한 물고기여서 천연기념물로 지정되었다. 제주도의 천지연에 서식하고 있으며, 경북 영덕, 장흥의 탐진강, 하동의 쌍계사 계곡과 거제도의 구천 계곡 등에 출현한 기록이 있다.

● **어름치** *Hemibarbus mylodon*

천연기념물 제259호(1978. 8. 18)

전국 일원

어름치는 우리나라 고유종으로, 산란을 위하여 산란탑을 쌓는 등 생태에 특이성이 있다. 환경 변화에 매우 민감한 어종으로, 더 이상의 개체 감소를 막기 위해 천연기념물로 지정하여 보호하고 있다. 현재 임진강, 한강 등의 중상류 하천에 국한되어 서식하고 있다.

● **미호종개** *Iksookimia choii*

천연기념물 제454호(2005. 3. 17)

전국

미호종개는 금강 고유종으로 분포 범위가 극히 제한되어있고 서식 개체 수가 적다. 서식 환경 변화에 매우 민감하여 멸종 위기에 처해 있다. 개체 수가 비교적 많았던 미호천에는 수질오염 등의 수환경 변화로 인해 현재 거의 발견되지 않고 있다.

● **꼬치동자개** *Pseudobagrus brevicorpus*

천연기념물 제455호(2005. 3. 17)

전국

한국 고유종으로 낙동강 상류의 일부 수역에 제한되어 분포하고 있다. 그러나 자연 서식지의 훼손과 수질오염, 남획 등으로 점차 출현이 확인되지 않는 지역이 늘고 개체 수도 급격히 감소하고 있다. 시급히 보호 관리하지 않으면 멸종에 처할 위험이 있다.

멸종위기야생동 · 식물 Ⅰ, Ⅱ급 _ 어류

　환경부에서는 야생동 · 식물보호법(법률 제7167호)에 따라 2005년 2월 멸종위기야생동 · 식물 Ⅰ급 50종과 Ⅱ급 179종 등 총 229종을 지정하였다. 멸종위기야생동 · 식물 Ⅰ급은 자연적 또는 인위적 위협 요인으로 개체 수가 현저하게 감소되어 멸종 위기에 처한 야생동 · 식물을 말하고, 멸종위기야생동 · 식물 Ⅱ급은 자연적 또는 인위적 위협 요인으로 개체 수가 현저하게 감소되고 있어 현재의 위협 요인이 제거되거나 완화되지 않을 경우 가까운 장래에 멸종 위기에 처할 우려가 있는 야생동 · 식물을 말한다. 멸종위기야생동 · 식물을 포획, 채취, 훼손하거나 고사시킬 경우 최고 5년 이하의 징역 또는 3000만 원 이하의 벌금에 처한다.

금강의 감돌고기 *Pseudopungtungia nigra* (멸종위기야생동 · 식물 Ⅰ급)

멸종위기야생동·식물 Ⅰ급

1. 감돌고기 *Pseudopungtungia nigra*

전장 | 70~100mm

분포 | 금강, 웅천천, 만경강

감소 원인 | 서식지 교란, 상실 및 오염

2. 흰수마자 *Gobiobotia naktongensis*

전장 | 60~70mm

분포 | 낙동강, 한강, 금강, 임진강

감소 원인 | 서식지 상실, 수질오염

3. 얼룩새코미꾸리 *Koreocobitis naktongensis*

전장 | 100~150mm

분포 | 낙동강

감소 원인 | 하상 교란, 수환경 오염

4. 미호종개 *Iksookimia choii*

전장 | 80~100mm

분포 | 금강

감소 원인 | 서식지 상실, 하상 교란,
        수환경 오염

5. 꼬치동자개 *Pseudobagrus brevicorpus*

전장 | 60~80mm

분포 | 낙동강

감소 원인 | 하상 교란 및 수질 오염,
　　　　　　 서식지 협소, 남획

6. 퉁사리 *Liobagrus obesus*

전장 | 70~120mm

분포 | 금강, 영산강, 만경강, 웅천천

감소 원인 | 서식지 교란, 상실 및 수환경 오염

멸종위기야생동 · 식물 II급

1. 칠성장어 *Lethenteron japonicus*

전장 | 400~500mm

분포 | 영동 북부

감소 원인 | 하구 및 서식지 교란, 보 설치

2. 다묵장어 *Lethenteron reissneri*

전장 | 130~200mm

분포 | 전국

감소 원인 | 서식지 교란

3. 묵납자루 *Acheilognathus signifer*

전장 | 60~80mm

분포 | 한강, 임진강

감소 원인 | 하상 교란에 따른 이매패

감소 및 서식지 상실

4. 임실납자루 *Acheilognathus somjinensis*

전장 | 40~50mm

분포 | 섬진강

감소 원인 | 서식지 협소, 하상 교란에 따른

이매패 감소 및 서식지 상실

5. 가는돌고기 *Pseudopungtungia tenuicorpa*

전장 | 80~100mm

분포 | 한강, 임진강

감소 원인 | 서식지 교란 및 상실,

수환경 오염

6. 꾸구리 *Gobiobotia macrocephala*

전장 | 60~100mm

분포 | 한강, 금강, 임진강

감소 원인 | 서식지 교란 및 상실,

수환경 오염

7. 돌상어 *Gobiobotia brevibarba*

전장 | 80~100mm

분포 | 한강, 금강, 임진강

감소 원인 | 서식지 교란 및 상실

　　　　　수환경 오염

8. 모래주사 *Microphysogobio koreensis*

전장 | 80~100mm

분포 | 낙동강, 섬진강

감소 원인 | 서식지 교란 및 상실,

　　　　　수환경 오염

9. 가시고기 *Pungitius sinensis*

전장 | 50~60mm

분포 | 동해 유입 하천

감소 원인 | 서식지 교란 및 상실,

　　　　　수환경 오염

10. 잔가시고기 *Pungitius kaibarae*

전장 | 40~50mm

분포 | 동해 유입 하천

감소 원인 | 서식지 교란 및 상실,

　　　　　수환경 오염

11. 둑중개 *Cottus koreanus*

전장 | 100~150mm

분포 | 한강, 임진강, 금강, 섬진강, 만경강

감소 원인 | 하천 상류 환경의 훼손에
　　　　　따른 서식지 교란

12. 한둑중개 *Cottus hangiongensis*

전장 | 100~150mm

분포 | 동해 유입 하천

감소 원인 | 하구의 교란, 보 설치,
　　　　　서식지 교란, 수질오염

멸종 및 절종된 어류

1. 서호납줄갱이 *Rhodeus hondae*

　서호납줄갱이는 Jordan과 Metz가 1913년 수원 서호에서 전장 51mm의 1개체를 채집하여 기재 · 발표하였고, 1935년에는 Mori 역시 서호에서 48mm, 54mm의 2개체를 채집하여 기록한 바 있다. 그 이후에는 채집 기록이 전혀 없어 멸종된 것으로 추측된다. 현재 Jordan과 Metz의 서호납줄갱이 모식표본은 미국 시카고야외자연사박물관에 보관되어있으나, Mori가 채집한 2개체는 화재로 소실되었다.

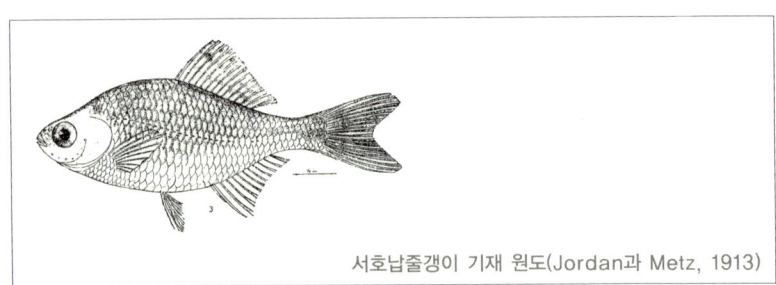

서호납줄갱이 기재 원도(Jordan과 Metz, 1913)

서호 ‖ 경기도 수원시

2. 종어 *Leiocassis longirostris*

종어는 전장이 300~500mm로 비교적 대형이며, 몸이 길고 옆으로 약간 납작하다. 눈은 작고, 주둥이는 돌출되었으며, 입은 주둥이 아래 있다. 가늘고 짧은 입수염이 4쌍 있다. 물이 탁하고 모래와 진흙이 깔려있는 큰 강 하류에 주로 서식하며 수서동물을 먹는 육식성이다.

우리나라에서는 서해로 유입하는 청천강, 대동강, 한강, 금강 등의 하류에 서식하고 있었는데, 남획과 수질오염 등으로 현재 남한에서는 채집되지 않고 있어 절종된 것으로 보인다(145쪽 참조). 부여의 백마강 일대가 종어의 명산지로 기록되어있다.

종어의 옛 서식지 ‖ 충남 부여 백마강

한국산 민물고기 목록

17목 39과 215종

[고]	한국 고유종
[천]	천연기념물
[멸 I]	멸종위기야생동 · 식물 I 급
[멸 II]	멸종위기야생동 · 식물 II 급
[외]	외래종
●	금강 수계에서 기록된 종
❷	금강 수계에 분포하는 것으로 기록되었지만 불명확한 종

척색동물문 Phylum : Chordata

척추동물아문 Subphylum : Vertebrata

두갑강 Class : Cephalaspidomorphi

칠성장어목 Order : Petromyzontiformes

칠성장어과 Family : Petromyzontidae

1. 칠성장어 *Lethenteron japonicus* (Martens) [멸 II]

2. 다묵장어 *Lethenteron reissneri* (Dybowski) [멸 II] ●

3. 칠성말배꼽 *Lethenteron morii* (Berg) [고]

조기어강 Class : Actinopterygii

철갑상어목 Order : Acipenseriformes

철갑상어과 Family : Acipenseridae

4. 철갑상어 *Acipenser sinensis* (Gray) ●

5. 칼상어 *Acipenser dabryanus* Dumeril ●

6. 용상어 *Acipenser medirostris* Ayres

뱀장어목 Order : Anguilliformes

뱀장어과 Family : Anguillidae

7. 뱀장어 *Anguilla japonica* Temminck and Schlegel ●

8. 무태장어 *Anguilla marmorata* Quoy and Gaimard [천]

청어목 Order : Clupeiformes

멸치과 Family : Engraulidae

9. 웅어 *Coilia nasus* (Temminck and Schlegel) ●

10. 싱어 *Coilia mystus* (Linnaeus) ●

청어과 Family : Clupeidae

11. 밴댕이 *Sardinella zunasi* (Bleeker) ●

12. 전어 *Konosirus punctatus* (Temminck and Schlegel) ●

잉어목 Order : Cypriniformes

잉어과 Family : Cyprinidae

잉어아과 Subfamily : Cyprininae

13. 잉어 *Cyprinus carpio* Linnaeus ●

14. 이스라엘잉어 *Cyprinus carpio* Linnaeus [외] ●

15. 붕어 *Carassius auratus* (Linnaeus) ●

16. 떡붕어 *Carassius cuvieri* Temminck and Schlegel [외] ●

17. 초어 *Ctenopharyngodon idellus*(Cuvier and Valenciennes) [외] ●

납자루아과 Subfamily : Acheilognathinae

18. 흰줄납줄개 *Rhodeus ocellatus* (Kner) ●

19. 한강납줄개 *Rhodeus pseudosericeus* Arai, Jeon and Ueda [고]

20. 납줄개 *Rhodeus sericeus* (pallas)

21. 각시붕어 *Rhodeus uyekii* (Mori) [고] ●

22. 떡납줄갱이 *Rhodeus notatus* Nichols ●

23. 서호납줄갱이 *Rhodeus hondae* (Jordan and Metz) [고]

24. 납자루 *Acheilognathus lanceolatus* (Temminck and Schlegel) ●

25. 묵납자루 *Acheilognathus signifer* Berg [고] [멸Ⅱ]

26. 칼납자루 *Acheilognathus koreensis* Kim and Kim [고] ●

27. 임실납자루 *Acheilognathus somjinensis* Kim and Kim [고] [멸Ⅱ]

28. 줄납자루 *Acheilognathus yamatsutae* Mori [고] ●

29. 큰줄납자루 *Acheilognathus majusculus* Kim and Yang [고]

30. 납지리 *Acheilognathus rhombeus* (Temminck and Schlegel) ●

31. 큰납지리 *Acanthorhodeus macropterus* Bleeker ●

32. 가시납지리 *Acanthorhodeus gracilis* Regan [고] ●

모래무지아과 Subfamily : Gobioninae

33. 참붕어 *Pseudorasbora parva* (Temminck and Schlegel) ●

34. 돌고기 *Pungtungia herzi* Herzenstein ●

35. 감돌고기 *Pseudopungtungia nigra* Mori [고] [멸Ⅱ]●

36. 가는돌고기 *Pseudopungtungia tenuicorpa* Jeon and Choi [고] [멸Ⅱ]

37. 쉬리 *Coreoleuciscus splendidus* Mori [고] ●

38. 새미 *Ladislabia taczanowskii* Dybowski ❷

39. 참중고기 *Sarcocheilichthys variegatus wakiyae* Mori [고] ●

40. 중고기 *Sarcocheilichthys nigripinnis morii* Jordan and Hubbs
[고] ●

41. 북방중고기 *Sarcocheilichthys nigripinnis czerskii* (Berg)

42. 줄몰개 *Gnathopogon strigatus* (Regan) ●

43. 긴몰개 *Squalidus gracilis majimae* (Jordan and Hubbs) [고] ●

44. 몰개 *Squalidus japonicus coreanus* (Berg) [고] ●

45. 참몰개 *Squalidus chankaensis tsuchigae* (Jordan and Hubbs) [고] ●

46. 점몰개 *Squalidus multimaculatus* Hosoya and Jeon [고]

47. 모샘치 *Gobio cynocephalus* Dybowski ❓

48. 케톱치 *Coreius heterodon* (Bleeker)

49. 누치 *Hemibarbus labeo* (Pallas) ●

50. 참마자 *Hemibarbus longirostris* (Regan) ●

51. 어름치 *Hemibarbus mylodon* (Berg) [고] [천] ●

52. 모래무지 *Pseudogobio esocinus* (Temminck and Schlegel) ●

53. 버들매치 *Abbottina rivularis* (Basilewsky) ●

54. 왜매치 *Abbottina springeri* Banarescu and Nalbant [고] ●

55. 꾸구리 *Gobiobotia macrocephala* Mori [고] [멸Ⅱ] ●

56. 돌상어 *Gobiobotia brevibarba* Mori [고] [멸Ⅱ] ●

57. 흰수마자 *Gobiobotia nakdongensis* Mori [고] [멸Ⅰ] ●

58. 압록자그사니 *Mesogobio lachneri* Banarescu and Nalbant [고]

59. 두만강자그사니 *Mesogobio tumensis* Chang [고]

60. 모래주사 *Microphysogobio koreensis* Mori [고] [멸Ⅱ]

61. 돌마자 *Microphysogobio yaluensis* (Mori) [고] ●

62. 여울마자 *Microphysogobio rapidus* Chae and Yang [고]

63. 됭경모치 *Microphysogobio jeoni* Kim and Yang [고] ●

64. 배가사리 *Microphysogobio longidorsalis* Mori [고] ❷

65. 두우쟁이 *Saurogobio dabryi* Bleeker ●

황어아과 Subfamily: Leuciscinae

66. 야레 *Leuciscus waleckii* (Dybowski)

67. 백련어 *Hypophthalmichthys molitrix* (Cuvier and Valenciennes) [외] ●

68. 대두어 *Aristichthys nobillis* (Richardson) [외]

69. 황어 *Tribolodon hakonensis* (Günther)

70. 대황어 *Tribolodon brandtii* (Dybowski)

71. 연준모치 *Phoxinus phoxinus* (Linnaeus)

72. 버들치 *Rhynchocypris oxycephalus* (Sauvage and Dabry) ●

73. 버들개 *Rhynchocypris steindachneri* (Sauvage)

74. 동버들개 *Rhynchocypris percnurus* (Pallas)

75. 금강모치 *Rhynchocypris kumgangensis* (Kim) [고] ●

76. 버들가지 *Rhynchocypris semotilus* (Jordan and Starks) [고]

피라미아과 Subfamily: Danioninae

77. 왜몰개 *Aphyocypris chinensis* Günther ●

78. 갈겨니 *Zacco temminckii* (Temminck and Schlegel)

79. 참갈겨니 *Zacco koreanus* Kim, oh and Hosoya ●

80. 피라미 *Zacco platypus* (Temminck and Schlegel) ●

81. 끄리 *Opsariichthys uncirostris amurensis* Berg ●

82. 눈불개 *Squaliobarbus curriculus* (Richardson) ●

강준치아과 Subfamily : Cultrinae

83. 강준치 *Erythroculter erythropterus* (Basilewsky) ●

84. 백조어 *Culter brevicauda* Günther

85. 치리 *Hemiculter eigenmanni* (Jordan and Metz) [고] ●

86. 살치 *Hemiculter leucisculus* (Basilewsky) ❷

종개과 Family : Balitoridae

87. 대륙종개 *Orthrias nudus* (Bleeker)

88. 종개 *Orthrias toni* (Dyboski)

89. 쌀미꾸리 *Lefua costata* (Kessler) ●

미꾸리과 Family : Cobitidae

90. 미꾸리 *Misgurnus anguillicaudatus* (Cantor) ●

91. 미꾸라지 *Misgurnus mizolepis* Günther ●

92. 새코미꾸리 *Koreocobitis rotundicaudata* (Wakiya and Mori) [고]

93. 얼룩새코미꾸리 *Koreocobitis naktongensis* Kim, Park and Nalbant [고] [멸 I]

94. 참종개 *Iksookimia koreensis* (Kim) [고] ●

95. 부안종개 *Iksookimia pumila* (Kim and Lee) [고]

96. 미호종개 *Iksookimia choii* (Kim and Son) [고] [천] [멸 I]●

97. 왕종개 *Iksookimia longicorpa* (Kim, Choi and Nalbant) [고]

98. 남방종개 *Iksookimia hugowolfeldi* Nalbant [고]

99. 동방종개 *Iksookimia yongdokensis* Kim and Park [고]

100. 기름종개 *Cobitis hankugensis* Kim, Park, Son and Nalbant [고]

101. 점줄종개 *Cobitis lutheri* Rendahl ●

102. 줄종개 *Cobitis tetralineata* Kim, Park and Nalbant [고]

103. 북방종개 *Cobitis pacifica* Kim, Park and Nalvant [고]

104. 수수미꾸리 *Niwaella multifasciata* (Wakiya and Mori) [고]

105. 좀수수치 *Kichulchoia brevifasciata* Kim and Lee [고]

메기목   Order : Siluriformes

동자개과   Family : Bagridae

106. 동자개 *Pseudobagrus fulvidraco* (Richardson) ●

107. 눈동자개 *Pseudobagrus koreanus* Uchida [고] ●

108. 꼬치동자개 *Pseudobagrus brevicorpus* (Mori) [고] [천] [멸 I]

109. 대농갱이 *Leiocassis ussuriensis* (Dybowski) ●

110. 밀자개 *Leiocassis nitidus* (Sauvage and Thiersant) ●

111. 종어 *Leiocassis longirostris* Günther ●

메기과   Family : Siluridae

112. 메기 *Silurus asotus* Linnaeus ●

113. 미유기 *Silurus microdorsalis* (Mori) [고] ●

찬넬동자개과 Family : Ictaluridae

114. 찬넬동자개 *Ictalurus punctatus* (Rafinesque) [외] ●

퉁가리과   Family : Amblycipitidae

115. 자가사리 *Liobagrus mediadiposalis* Mori [고] ●

116. 퉁가리 *Liobagrus andersoni* Regan [고]

117. 퉁사리 *Liobagrus obesus* Son, Kim and Choo [고] [멸 I] ●

바다빙어목 Order : Osmeriformes

바다빙어과   Family : Osmeridae

118. 빙어 *Hypomesus nipponensis* McAllister ●

119. 은어 *Plecoglossus altivelis altivelis* Temminck and Schlegel ●

뱅어과   Family : Salangidae

120. 국수뱅어 *Salanx ariakensis* (Kishinouye) ●

121. 벚꽃뱅어 *Hemisalanx prognathus* Regan ●

122. 도화뱅어 *Neosalanx anderssoni* (Rendahl) ●

123. 젓뱅어 *Neosalanx jordani* Wakiya and Takahashi [고] ●

124. 실뱅어 *Neosalanx hubbsi* Wakiya and Takahashi

125. 붕퉁뱅어 *Protosalanx chinensis* (Basilewsky) ●

126. 뱅어 *Salangichthys microdon* Bleeker

연어목 Order : Salmoniformes

연어과 Family : Salmonidae

127. 우레기 *Coregonus ussuriensis* Berg

128. 사루기 *Thymallus articus jaluensis* Mori [고]

129. 열목어 *Brachymystax lenok tsinlingensis* Li [천]

130. 연어 *Oncorhynchus keta* (Walbaum)

131. 곱사연어 *Oncorhynchus gorbuscha* (Walbaum)

132. 송어(산천어) *Oncorhynchus masou masou* (Brevoort) ●

133. 은연어 *Oncorhynchus kisutch* (Walbaum) [외]

134. 무지개송어 *Oncorhynchus mykiss* (Walbaum) [외] ●

135. 자치 *Hucho ishikawai* Mori [고]

136. 홍송어 *Salvelinus leucomaenis leucomaenis* (Pallas)

137. 곤들매기 *Salvelinus malmus* (Walbaum)

대구목 Order : Gadiformes

대구과 Family : Gadidae

138. 모오캐 *Lota lota* (Linnaeus)

숭어목 Order : Mugiliformes

숭어과 Family : Mugilidae

139. 숭어 *Mugil cephalus* Linnaeus ●

140. 등줄숭어 *Chelon affinis* (Günther)

141. 가숭어 *Chelon haematocheilus* (Temminck and Schlegel) ●

동갈치목 Order : Beloniformes

송사리과 Family : Adrianichthyoidae

142. 송사리 *Oryzias latipes* (Temminck and Schelgel)

143. 대륙송사리 *Oryzias sinensis* Chen, Uwa and Chu ●

학꽁치과 Family : Hemiramphidae

144. 줄꽁치 *Hyporhamphus intermedius* Cantor ●

145. 학꽁치 *Hyporhamphus sajori* (Temminck and Schlegel) ●

큰가시고기목 Order : Gasterosteiformes

큰가시고기과 Family : Gasterosteidae

146. 큰가시고기 *Gasterosteus aculeatus* Linnaeus ●

147. 가시고기 *Pungitius sinensis* (Guichenot) [멸Ⅱ]

148. 두만가시고기 *Pungitius tymensis* (Nikolsky)

149. 청가시고기 *Pungitius pungitius* (Linnaeus)

150. 잔가시고기 *Pungitius kaibarae* Tanaka [멸Ⅱ]

실고기과 Family : Syngnathidae

151. 실고기 *Syngnathus schlegeli* Kaup ●

드렁허리목 Order ： Synbranchiformes

드렁허리과 Family ： Synbranchidae

152. 드렁허리 *Monopterus albus* (Zuiew) ●

쏨뱅이목 Order ： Scorpaeniformes

양볼락과 Family ： Scorpaenidae

153. 조피볼락 *Sebastes schlegelii* Hilgendorf ●

양태과 Family ： Platycephalidae

154. 양태 *Platycephalus indicus* (Linnaeus) ●

둑중개과 Family ： Cottidae

155. 둑중개 *Cottus koreanus* Fujii, Yabe and Choi [멸Ⅱ] ●

156. 한둑중개 *Cottus hangiongensis* Mori [멸Ⅱ]

157. 참둑중개 *Cottus czerskii* Berg

158. 개구리꺽정이 *Myoxocephalus stelleri* Tilesius

159. 꺽정이 *Trachidermus fasciatus* Heckel ●

농어목 Order ： Perciformes

농어과 Family ： Moronidae

160. 농어 *Lateolabrax japonicus* (Cuvier) ●

꺽지과 Family Centropomidae

161. 쏘가리 *Siniperca scherzeri* Steindachner [천, 황쏘가리]●

162. 꺽저기 *Coreoperca kawamebari* (Temminck and Schlegel)

163. 꺽지 *Coreoperca herzi* Herzenstein [고] ●

검정우럭과 Family ： Centrarchidae

164. 블루길 *Lepomis macrochirus* Rafinesque [외] ●

165. 배스 *Micropterus salmoides* (Lacepède) [외] ●

시클리과 Family ： Cichlidae

166. 나일틸라피아 *Oreochromis niloticus* (Linnaeus) [외]

주둥치과 Family Leiognathidae

167. 주둥치 *Leiognathus nuchalis* (Temminck and Schlegel) ●

돛양태과 Family ： Callionymidae

168. 강주걱양태 *Repomucenus olidus* (Günther) ●

구굴무치과 Family ： Eleotridae

169. 구굴무치 *Eleotris oxycephala* Temminck and Schlegel ●

동사리과 Family ： Odontobutidae

170. 동사리 *Odontobutis platycephala* Iwata and Jeon [고] ●

171. 얼룩동사리 *Odontobutis interrupta* Iwata and Jeon [고] ●

172. 남방동사리 *Odontobutis obscura* (Temminck and Schlegel)

173. 좀구굴치 *Micropercops swinhonis* (Günther) ❷

망둑어과 Family ： Gobiidae

174. 날망둑 *Gymnogobius castaneus* (O' shaughnessy)

175. 꾹저구 *Gymnogobius urotaenia* (Hilgendorf) ●

176. 왜꾹저구 *Gymnogobius macrognathus* (Bleeker) ●

177. 문절망둑 *Acanthogobius flavimanus* (Temminck and Schlegel) ●

178. 왜풀망둑 *Acanthogobius elongatus* (Ni and Wu) ●

179. 흰발망둑 *Acanthogobius lactipes* (Hilgendorf) ●

180. 비늘흰발망둑 *Acanthogobius luridus* (Ni and Wu) ●

181. 풀망둑 *Synechogobius hasta* (Temminck and Schlegel) ●

182. 열동갈문절 *Sicyopterus japonicus* (Tanaka)

183. 애기망둑 *Pseudogobius masago* (Tomiyama)

184. 무늬망둑 *Bathygobius fuscus* (Rüppel)

185. 갈문망둑 *Rhinogobius giurinus* (Rutter) ●

186. 밀어 *Rhinogobius brunneus* (Temminck and Schlegel) ●

187. 민물두줄망둑 *Tridentiger bifasciatus* Steindachner ●

188. 황줄망둑 *Tridentiger nudicervicus* Tomiyama ●

189. 검정망둑 *Tridentiger obscurus* (Temminck and Schlegel) ●

190. 민물검정망둑 *Tridentiger brevispinis* Katsuyama, Arai and Nakamura ●

191. 줄망둑 *Acentrogobius pflaumi* (Bleeker) ●

192. 점줄망둑 *Acentrogobius pellidebilis* Lee and Kim [고] ●

193. 날개망둑 *Favonigobius gymnauchen* (Bleeker) ●

194. 모치망둑 *Mugilogobius abei* (Jordan and Snyder) ●

195. 제주모치망둑 *Mugilogobius fontinalis* (Jordan and Seale)

196. 꼬마청황 *Parioglossus dotui* Tomiyama

197. 짱뚱어 *Boleophthalmus pectinirostris* (Linnaeus)

198. 말뚝망둥어 *Periophthalmus modestus* Cantor ●

199. 큰볏말뚝망둥어 *Periophthalmus magnuspinnatus* Lee, Choi and Ryu [고] ●

200. 미끈망둑 *Luciogobius guttatus* Gill ●

201. 사백어 *Leucopsarion petersii* Hilgendorf

202. 빨갱이 *Ctenotrypauchen microcephalus* (Bleeker) ●

203. 개소겡 *Odontamblyopus lacepedii* (Temminck and Schlegel) ●

버들붕어과 Family : Belontiidae

  204. 버들붕어 *Macropodus ocellatus* Cantor ●

가물치과 Family : Channidae

  205. 가물치 *Channa argus* (Cantor) ●

가자미목 Order : Pleuronectiformes

가자미과 Family : Pleuronectidae

  206. 돌가자미 *Kareius bicoloratus* (Basilewsky) ●

  207. 강도다리 *Platichthys stellatus* (Pallas)

  208. 도다리 *Pleuronichthys cornutus* (Temminck and Schlegel) ●

참서대과 Family : Cynoglossidae

  209. 박대 *Cynoglossus semilaevis* Günther ●

복어목 Order : Tetraodontiformes

참복과 Family : Tetraodontidae

  210. 까치복 *Takifugu xanthopterus* (Temminck and Schlegel) ●

  211. 매리복 *Takifugu vermicularis* (Temminck and Schlegel) ●

  212. 복섬 *Takifugu niphobles* (Jordan and Snyder) ●

  213. 흰점복 *Takifugu poecilonotus* (Temminck and Schlegel) ●

  214. 황복 *Takifugu obscurus* (Abe) ●

  215. 자주복 *Takifugu rubripes* (Temminck and Schlegel) ●

학명 찾아보기

한국명 찾아보기

주요 참고 문헌

단행본 및 자료

건설교통부 · 한국수자원공사, 『우리 ᄀᆞ름 길라잡이』, 2002.

김익수, 『한국동식물도감』 제37권 동물편(담수어류), 교육부, 1997.

김익수 · 박종영, 『한국의 민물고기』, 교학사, 2002.

김익수 · 최윤 · 이충렬 · 이용주 · 김병직 · 김지현, 『원색 한국어류대도감』, 교학사, 2005a.

정문기, 『한국어도보』, 일지사, 1977.

최기철 · 이원규, 『우리가 정말 알아야 할 우리 민물고기 백가지』, 현암사, 1994.

최기철 편저, 『충남의 자연』, 한국과학기술진흥재단, 1987.

최기철 · 전상린 · 김익수 · 손영목, 『원색 한국담수어도감』, 향문사, 1990.

환경부, 제2차 전국자연환경조사 CD, 1997-2004.

최기철 · 전상린 · 김익수 · 손영목, 『한국산담수어분포도』, 한국담수생물학연구소, 1989.

內田惠太郞, 『朝鮮魚類誌』, 朝鮮總督府水産試驗場, 1939.

Nelson, J. S. 『Fishes of the World(3th ed.)』. John Wiley & Sons. 1994.

연구 논문

김익수 · 오민기 · K.Hosoya(2005b), 「한국산 피라미속 어류 1신종 *Zacco koreanus* 기재와 *Z. temminckii*의 재기재」, 《한국어류학회지》, 17: 1-7

손영목(1983), 「미호천의 담수어류상에 관한 연구」, 《한국육수학회지》 16: 13-20.

손영목(1988), 「민주지산 일대의 담수어류상」, 한국자연보존협회 조사 보고서, 26: 111-117.

손영목(1991), 「대청호의 담수어류상」, 대청호 호소생태계 조사연구보고서, 충청북도.

손영목(1991), 「충청북도 담수어류상」, 서원대 기초과학연구논총 5: 1-38.

손영목 · 변화근(2005), 「미호천의 어류상과 어류군집 동태」, 《한국어류학회지》 17: 271-278.

이충렬(1992), 「금강하구의 하구언 축조 이후 어류군집의 변화」, 《한국육수학회지》 25: 193-204.

전상린(1980), 「한국산 담수어의 분포에 관하여」, 중앙대학교 박사학위 논문.

전상린(1977), 「한국산 감돌고기의 생태에 관한 연구」, 《한국육수학회지》 10: 33-46.

전상린, 손영목(1983), 「한국산 흰수마자 *Gobiobotia nakdongensis* Mori의 분포에 관하여」, 《한국육수학회지》 16: 21-26.

최기철(1973), 「휴전선 이남에서의 담수어의 지리적 분포에 관하여」, 《한국육수학회지》 6: 29-36.

최기철 · 김익수(1972), 「무주남대천의 어류상에 관하여」, 《한국육수학회지》 5: 1-12.

최기철 · 김익수 · 손영목(1985), 「금강하류의 담수어류 자원에 관하여」, 자연보존연구보고서 7: 51-64.

최기철 · 이지영 · 김태용(1977), 「금강에 건설 중인 대청댐을 중심한 어류 조사, 목록과 분포에 대하여」, 《한국육수학회지》 10: 25-32.

최신석 · 송호복 · 황수옥(1997), 「대청호의 어류군집」, 《한국육수학회지》, 30: 155-166.

홍영표(1995), 「금강 중, 하류수계 어류상의 변화」, 《한국생태학회 및 한국 어류학회 공동심포지움논문집》, p. 63-84.

Fujii, R., Y. Choi and M. Yabe(2005). "A new species of freshwater sculpin, *Cottus koreanus* (Pisces: Cottidae) from Korea". Species Diversity 10: 7-17.

Jordan, D. S. and C. W. Metz(1913). "A catalogue of the fishes known from the water of Korea". Memoirs of the Carnegie Museum 6: 1-65.

Mori, T. (1935). "Description of three new cyprinoids (Rhodeina) from Chosen". Japan., Zool., 47: 559-574.

Mori, T.(1936). "Studies on the geographical distribution of freshwater fishes in Korea". Bull. Biogeo. Soc. Japan, 6 : 35-61.

Nelson, J. S. (1994). "Fishes of the World(3th ed.)". John Wiley & Sons.